Valter Pieracciani, MSc.
Laurentino Bifaretti

Império da inovação

Lições da Roma antiga para tornar sua
empresa mais inovadora

São Paulo | 2019

Impresso no Brasil, 2019
Copyright © 2019, Valter Pieracciani, MSc.

Os direitos desta edição pertencem à LVM Editora e CLAEQ – Centro Latino Americano para Inovação, Excelência e Qualidade

LVM Editora
Rua Leopoldo Couto de Magalhães Júnior, 1098, Cj. 46
04542-001 - São Paulo, SP - Brasil
Telefax: 55 (11) 3704-3782
contato@mises.org.br • www.mises.org.br

CLAEQ – Centro Latino Americano para Inovação, Excelência e Qualidade
Rua Alcides Ricardini Neves, 12 – cj 1404
04575-050 - São Paulo, SP - Brasil
Telefone: 55 (11) 5506-2963
adm.claeq@claeq.com.br • www.claeq.org.br

Editor Responsável | Alex Catharino
Editor-assistente | Pedro Henrique Alves
Preparação dos originais | Light Criação
Revisão ortográfica e gramatical | Sibelle Pedral e Márcio Scansani
Capa, projeto gráfico | Pedro Ursini e Light Criação
Diagramação e editoração | Carlos Borges Jr
Ilustrações | Francesca Romana Spuri
Apoio | Sibelle Pedral e Lídia Araujo

Dados Internacionais de Catalogação na Publicação (CIP)
Angélica Ilacqua CRB-8/7057

P671i
    Pieracciani, Valter
      Império da inovação: lições da Roma antiga para tornar a sua empresa mais inovadora / Valter Pieracciani e Laurentino Bifaretti. – São Paulo: LVM Editora; Editora Canal Certo, 2019.
      224 p.: il.

    Bibliografia
    ISBN: 978-65-5052-022-9

    1. Administração de empresas 2. Empreendedorismo
    I. Título II. Bifaretti, Laurentino

19-2227   CDD 658

Índices para catálogo sistemático:
1. Gestão de negócios 658

Reservados todos os direitos desta obra.
Proibida toda e qualquer reprodução integral desta edição por qualquer meio ou forma, seja eletrônica ou mecânica, fotocópia, gravação ou qualquer outro meio de reprodução sem permissão expressa do editor.
A reprodução parcial é permitida, desde que citada a fonte.

Ao
Fernando e à Giuliana,
presentes que a vida me deu.

Sumário

Agradecimentos	Pág.06
Prefácio	Pág.10
Introdução	Pág.18
Linha do tempo	Pág.26
Integre conhecimentos e fortaleça a cultura para a inovação	Pág.30
Tenha uma estratégia clara para inovar	Pág.52
Fortaleça o senso de pertencimento	Pág.76
Capacite as pessoas para inovar	Pág.94
Melhore o que já faz e crie o novo	Pág.116
Repense o modelo de gestão para a inovação	Pág.136
Trabalhe obsessivamente pela vitória	Pág.162
Epílogo	Pág.184
Bibliografia	Pág.210
Índice Onomástico e Remissivo	Pág.216

Agradecimentos

Valter Pieracciani, MSc.

Amamos trabalhar para as coisas darem certo. Ter a certeza de que fizemos diferença. Nossa realização profissional está em encarar gestão como arte e construir empresas melhores, uma a uma e em todos os aspectos. Empresas melhores compõem um tecido empresarial melhor, uma coletividade melhor. Um mundo melhor.

Acreditamos no trabalho com alegria. Sentimos orgulho de ter chegado onde chegamos e de ser o que somos. Mas, acima de tudo, nos sentimos gratos. Agradecemos a todos que fizeram ou fazem parte de nossas vidas. Trabalhar duro, construir e entregar este livro a você representa para nós um ato de amor e gratidão. É muito bom devolver um pouco do que aprendemos ao longo de décadas pesquisando e trabalhando com inovação.

Sintetizamos neste livro lições em comum que tornam algumas poucas empresas verdadeiramente fascinantes. Elas atraem e retêm talentos, ampliam sua base de clientes, produzem inovação sistematicamente e, assim, se diferenciam das demais. Interagindo com elas, aprendemos e ensinamos o tempo todo.

No entanto, nada disso, repito, nada, teria sido possível sem a colaboração e o afeto de um grupo de pessoas especiais.

Meu primeiro agradecimento vai para minha família. Adriana, esposa amada, os filhos, Giuliana e Fernando, a nora Fernanda Sakurai e o genro Fellipe Zanuto pelo apoio incondicional que sempre recebi deles. Aos meus irmãos, Giorgio e Rosa Irene, que sempre e muito me ensinaram. Agradeço aos meus caros sócios, Alfonso Abrami, José

Hernani Arrym Filho, Julio Cezar Piccaro, Francisco Tripodi, Daniel Rodrigues, Marcelo Cunha e Carlos Loureiro e, na pessoa deles, a todos os demais profissionais do Time Pieracciani, sem exceção. Sempre a nosso lado, não medem esforços para que, de fato, façamos a diferença no mundo empresarial. Agradeço aos Conselheiros e Mentores da Pieracciani, em destaque ao Prof. Roberto Verganti e a Miguel Ignatios. Sou grato aos chefes e professores que tive, em especial aos clientes que confiaram e seguem confiando a nós o desafio de ajudá-los a acelerar na inovação. Em especial aos que, atenciosamente, permitiram que seus casos empresariais fossem incluídos no texto: João Alfredo Andrade Pimentel, da CorpFlex; Guilherme Benchimol, Fernando Vasconcelos e Thiago Albano, da XP; Sandro Valeri e Ricardo D. Santos, da Embraer; Tereza Maria Brennand Oliveira e Carolina Brennand Maia, do Grupo Cornélio Brennand; Enrique Orge e Gabriela Rubini Aily, da Gomes da Costa; Ricardo Ourique Marques e Renato P. de Andrade, da Techint.

A Sibelle Pedral, jornalista experiente que ajudou os "engenheiros a se explicarem" e pacientemente trabalhou conosco na composição dos textos. À coordenadora Lídia Araujo, que entregou à obra sua melhor energia tratando-a como se fosse dela – como, aliás, faz o tempo todo me apoiando.

Ao amigo e dirigente empresarial Luiz Fernando Lobo Pedroso, sócio da LVM, e à equipe da editora pela parceria.

Precisávamos, ao conceber este livro, dar um toque da Roma de nossos dias. De sua arte e beleza. Pensamos, portanto, em confiar as ilustrações a um jovem talento da Academia de Belas Artes de Roma, dando-lhe inclusive a possibilidade de internacionalizar-se. Estruturamos um processo de seleção e um prêmio pecuniário a quem vencesse. A jovem artista Francesca Romana Spuri foi a escolhida. Parabéns, Romana, pelo excelente trabalho.

Eu, Laurentino e Sibelle dedicamos longas horas, em especial nos finais de semana, à escrita desta obra. Mais do que isso: foram três anos de reflexões sobre o tema, 24x7. Revisitamos o que aprendemos com empresas de sucesso que conhecemos e viajamos pela história como se estivéssemos em uma máquina do tempo para, enfim, transformar conteúdos e questões complexas em lições que qualquer empresa pode aplicar, independentemente de porte ou segmento de atuação.

Manifestamos nossa imensa gratidão a todos que colaboraram para que este livro chegasse agora às suas mãos.

Sucesso!

Laurentino Bifaretti

Meu primeiro agradecimento, claro, é para o meu amigo Valter. Devo a ele a oportunidade de trabalhar em projetos que me permitiram tomar consciência, por meio de experiência direta, em campo, do papel decisivo da inovação, em seu sentido mais amplo, para a diferenciação perante os concorrentes e na liderança no mercado. Quando falamos de inovação, quase sempre pensamos em centros de pesquisa e desenvolvimento, que são obviamente muito importantes para trazer novas soluções tecnológicas para produtos e processos. Para inovar, no entanto, nem sempre é necessário investir pesadamente na criação e gestão de centros de pesquisa. Às vezes, para ter sucesso no negócio e aumentar de maneira significativa, ou mesmo exponencial, o faturamento e o lucro, basta posicionar-se diferentemente, encontrar soluções que satisfaçam a esfera emocional dos clientes ou até mesmo resolver seus problemas cotidianos. Em outras palavras, a inovação é, antes de tudo, uma disposição mental, que nos leva a observar, entender e encontrar saídas.

A realização deste livro foi para mim uma bela aventura, uma jornada compartilhada com Valter e com toda a equipe que nos ajudou a realizá-lo, à qual sou grato. Em particular, um carinhoso agradecimento vai para a jornalista Sibelle Pedral que, com dedicação sábia e paciente, permitiu amalgamar meus textos e os de Valter de forma simples e fluida. Outro agradecimento vai para a brilhante designer da Academia de Belas Artes de Roma, Francesca Romana Spuri, que foi capaz de ilustrar valores intangíveis, como o senso de pertencimento ou a obsessão pela vitória, com um traço moderno e elegante.

Grazie!

Em memória do grande Luigi Papa, mestre de ciência e de vida, nosso professor de Mecânica Aplicada às Máquinas na Faculdade de Engenharia Mecânica, Universidade de Roma "La Sapienza".

Valter Pieracciani e Laurentino Bifaretti

Nota dos autores. A jornada do Bradesco narrada nesta obra foi construída com informações de domínio público, a maioria delas colhida no site inovabra.com.br.

Prefácio

PREFÁCIO

Império da Inovação é simultaneamente uma bela aula de história e um guia de soluções práticas para a empresa moderna se tornar inovadora. Ao traçar paralelos com as melhores práticas da Roma Antiga, Valter Pieracciani e Laurentino Bifaretti distanciaram-se do modismo do tipo "inove como Steve Jobs".

As prateleiras das livrarias seguem repletas de conteúdo biodegradável com casos de bilionários neófitos que "foram lá e fizeram a inovação" que gerou o unicórnio da fortuna. No entanto, a inovação sustentável não é gerada por um indivíduo em isolamento ou por meio de passes de mágica. É preciso que a gestão seja voltada para a criatividade, para o teste contínuo de ideias e para a adoção das soluções mais promissoras. Portanto, é preciso mobilizar a organização, e capacitar e engajar os colaboradores mais apropriados para a missão.

A maior parte das melhores ideias e técnicas não se originam em sua empresa: são externas. Os autores defendem que é improdutivo buscar desenvolver tudo independentemente, reinventando a roda. É preciso monitorar o ambiente competitivo, identificar inovações e inovadores e incorporá-los, seja por recrutamento, parcerias ou por aquisição de *startups*, sempre respeitando a cultura original, da forma análoga à que os romanos lograram.

Como foi que Roma conseguiu executar tantas inovações? Em primeiro lugar havia o sonho grande de tornar-se o maior império do mundo. Ou seja, tinham um objetivo, e traçaram um plano para integrar outros territórios e povos ao Império. Os romanos monitoravam o ambiente competitivo em suas fronteiras: sabiam quem deviam incorporar, onde estavam e quem estava inovando, e os "recrutavam" por meio de conquistas bélicas em um *hostile takeover* à moda antiga.

Dois mil anos depois, continua difícil digerir mentalmente que o Império Romano tenha desenvolvido o equivalente à *internet* do século I: uma gigantesca rede integrada de informações e mensagens ultrarrápidas. No auge de seu desenvolvimento, havia 80.000 quilômetros de estradas pavimentadas, marcadas com totens de distâncias percorridas a cada "mil passos", nas quais mensageiros percorriam longas distâncias, dia e noite. A incrível rapidez de troca de informações se alicerçava nas estações de troca de cavalos a cada 20 quilômetros e nas *mansiones*, hotéis de beira de estrada muitas vezes cercados de negócios de suprimentos diversos. Inovações como estas, bem como muitas outras descritas na obra, proporcionaram diferencial competitivo a Roma, não só militar mas também de desenvolvimento econômico.

Definida a ambiciosa meta, adaptaram seus sistemas de gestão e criaram um ecossistema condizente e harmônico com seu sonho grande. Decidiram, por exemplo, que os sucessores do imperadores seriam escolhidos pelo mérito, e não por ascendência, uma radical diferença com seus competidores. Deixaram de convocar soldados de acordo com sua classe social e passaram a aceitar os muito pobres. No século II a.C., liberaram escravizados por inadimplência de dívidas para que servissem ao exército. Assim, passaram a ter um exército de voluntários motivados pelo bônus dos espólios das conquistas.

Adicionalmente, os generais lideravam pelo exemplo, aglutinando em torno de um sonho e fortalecendo o senso de equipe. Como dinheiro não compra espírito de equipe, é preciso envolvimento emocional. Júlio César chamava os soldados de *commilitones*, ou "aqueles que lutam comigo" e os remunerava bem e pelo mérito. Chegou a se endividar para recompensar seus soldados e dotá-los de armas decoradas com ouro e prata e belos uniformes. Participava dos mesmos exercícios lado a lado com seus soldados, e em situações críticas lançava-se ao ataque nas linhas de frente. Mesmo soldados de origem humilde podiam ser promovidos a centurião, primeiro centurião ou *tribunum militum*, o cargo mais alto das legiões depois do próprio cônsul. As insígnias e bandeiras de cada unidade de infantaria e cavala-

PREFÁCIO

ria também contribuíam para o senso de equipe. E acima de tudo havia o simbolismo da Águia, representando o poder de Roma e do exército, que aglutinava a força emocional das conquistas.

Empreendedorismo e mentalidade inovadora não são qualidades que se ensinam na escola. É preciso ser um "eterno curioso", segundo os autores, sensível e antenado nas tendências e em tudo aquilo que gera valor para a organização e para a sociedade. É também crucial ter um propósito, um desejo de transformar o mundo, bem como ter imaginação para sonhá-lo melhor, assim como o tiveram Elon Musk e John Kennedy, citados na obra.

A vantagem de possuir um ecossistema de gestão com espírito de equipe baseado em mérito e força emocional é que aqueles que vêm de baixo, os jovens, têm incentivo a se comportarem desde muito cedo como inovadores e empreendedores dotados de propósito, dominando conhecimento de base comportamental. Roma venceu por ter construído tal sistema, que também se destacava por conceber o conhecimento e troca de informação como um valor e por premiar a atitude de arriscar e "pivotar": errar, acertar, corrigir o rumo, reaprender.

Os autores incluem diversos exemplos práticos, nacionais e estrangeiros, de empresas que dominaram a inovação, como 3M, Pfizer, Cubo do Itaú, Embraer, P&G, Bradesco, PagSeguro e muitas outras, incluindo clientes seus que se beneficiaram das inúmeras lições e dicas de inovação que podemos aprender neste livro.

A lição de *Império da Inovação* é que toda empresa tem condição de ser inovadora de destaque, em especial se tiver foco em gente, força emocional, líderes aglutinadores com propósito e a atitude de arriscar e buscar vencer sempre.

Hélio Beltrão
São Paulo, setembro de 2019

IMPÉRIO DA INOVAÇÃO

O que esperar deste livro

O fascínio por entender como tudo funciona moveu e continua atraindo milhares de jovens para o estudo das ciências exatas. No caso dos engenheiros que escolheram a profissão há quarenta anos, como eu, isso era certamente ainda mais forte. Apaixonados por projetos de produtos técnicos e máquinas, Laurentino Bifaretti e eu sentíamo-nos orgulhosos de compreender como operam e, dessa forma, dominá-los. Nos conhecemos em 1978 e, nos anos 1980, passamos a trabalhar na mesma empresa, a Pirelli, reconhecida à época como uma das mais inovadoras do mundo, presença marcante nas competições e com um nível de inovação na gestão avançadíssimo para a época.

Mas algo estava para acontecer. Com o tempo, tanto para mim quanto para ele, o conhecimento mais específico sobre os produtos em si perdeu um pouco de seu encanto. Passamos a nos interessar quase que simultaneamente por temas mais sofisticados, como projetos de equipamentos. Ao longo dos anos, cada vez mais em contato com colegas, superiores e equipes de outras plantas da Pirelli pelo mundo, aprendemos devagarinho que os desenhos não estavam só nas pranchetas em que fazíamos nossos projetos. Havia também um intrincado conjunto de esquemas tácitos regendo as relações entre pessoas, estabelecendo poder e determinando os jogos intrínsecos ao mundo corporativo. Atentos a tudo isso, finalmente decidimos estudar e tentar entender sistemas bem mais complicados do que as inteiras linhas de produção que tínhamos à nossa frente: as empresas. Sua gestão e os fenômenos organizacionais que as caracterizam fazem

PREFÁCIO

delas sistemas vivos de altíssima complexidade. Talvez comparáveis, em termos de sofisticação, a cérebros humanos que trabalham com milhões de parâmetros e reações eletroquímicas.

Com meu retorno para o Brasil, após três anos entre Itália, Turquia e Alemanha, Laurentino e eu nos fixamos em países diferentes. Do meu lado, segui, fascinado, pesquisando e estudando as organizações. O que as fazia dar certo e o que não funcionava. Seus tipos e graus de sofisticação. Fui parar no governo; sentia-me fortemente atraído pelo que considerava ser uma organização com muitas especificidades e pouco desenvolvimento na gestão. Laurentino, por sua vez, seguiu sua paixão pela história de Roma, onde até hoje vive. Em paralelo à sua atuação como dirigente de grandes empresas, dedicou-se à pesquisa e a estudos nesse campo. Sempre que nos encontrávamos, tínhamos longas e saborosas discussões sobre os fatores que faziam com que empresas comuns se tornassem vencedoras. Eu baseava meus argumentos nas lições aprendidas ao longo dos mais de 26 anos trabalhando como consultor para as empresas mais inovadoras do Brasil; pesquisava e escrevia sobre como transformar cada empresa em uma usina de inovações, nome de meu livro publicado em 2002. Laurentino trazia para as discussões os resultados de análises históricas: o que havia por trás de cada vitória em batalhas das forças romanas, a mais poderosa e estruturada organização de todos os tempos.

Mais maduros e dispostos a difundir o que aprendíamos com esses debates, decidimos registrar, juntos, neste livro as principais conclusões às quais chegamos. Para isso, e paradoxalmente à trajetória que descrevi, tivemos que voltar às nossas origens de engenheiros; usar nossos melhores recursos de pensamento racional para classificar cada ponto e agrupar as dezenas de aprendizados que emergiam. Alguns, que no início aparentavam ser meros detalhes, mostraram-se orientações consistentes e valiosas quando analisados com a lente da gestão da inovação.

O modelo resultante que propomos neste livro, como rota de desenvolvimento da gestão da inovação, foi estruturado em sete lições, uma por capítulo.

1 Integre conhecimentos e fortaleça a cultura para a inovação;
2 Tenha uma estratégia clara para inovar;
3 Fortaleça o senso de pertencimento;
4 Capacite as pessoas para inovar;
5 Melhore o que já faz e crie o novo;
6 Repense o modelo de gestão para a inovação; e
7 Trabalhe obsessivamente pela vitória.

Cada uma das definições e recomendações produzidas para este livro teve como sustentação a química resultante do cruzamento entre que há de mais moderno e eficaz em gestão da inovação, comprovadamente presente em 49 das 150 empresas mais inovadoras do Brasil[1], as quais atendemos diretamente, e as histórias reais de sucesso da mais poderosa e admirável organização de todos os tempos, Roma.

Às lições segue-se um epílogo no qual analisamos, sempre sob o prisma da gestão da inovação, o declínio do império e, de maneira correlata, o que pode acabar com a capacidade de inovar.

Sete casos reais, um a cada capítulo, conectam as lições propostas aos desafios cotidianos e a avanços concretos. São histórias extraídas da arena competitiva atual do Brasil e de empresas que vencem com inovação: Bradesco, CorpFlex, XP Investimentos, Embraer, Grupo Cornélio Brennand, Gomes da Costa e Techint.

Talvez o leitor se surpreenda ao constatar que não há aqui nenhuma receita de bolo nova e mágica para construir empresas ver-

---

1. Fonte: 4º Anuário Valor Inovação Brasil 2018, do jornal Valor Econômico.

PREFÁCIO

dadeiramente inovadoras. Ao contrário, mostramos com clareza que os fundamentos a nortear a revolução da inovação se mantêm vivos desde a Roma antiga até as empresas emergentes do Vale do Silício. Por que, então, alguns dirigentes ainda erram e insistem em não adotar esses caminhos em sua totalidade? A resposta é que as lições não são óbvias nem fáceis de se colocar em prática. Mas a implantação destas recomendações, todas elas factíveis, permitirá atingir um estágio de competitividade superior. Podemos assegurar que as empresas que levarem a cabo com êxito essa missão estão fadadas a garantir seu espaço como estrelas que se destacam na constelação das organizações por sua capacidade de inovar e prosperar.

Valter Pieracciani

INTRODUÇÃO

Hoje, quando se fala em inovação, pensa-se logo no Vale do Silício, berço de gigantes como Apple e Google. Porém, tão ou mais interessante do que analisar as escolhas das empresas inovadoras daquela região, ou mesmo da China, é olhar para o passado e buscar entender como o Império Romano conseguiu transformar-se na mais inovadora organização de todos os tempos. Aprender com a História e suas verdadeiras lições.

Em 21 de abril de 753 a.C., Rômulo, segundo a lenda, traçou as fronteiras de Roma, a cidade que, séculos depois, se tornaria a *caput mundi*, a capital de todo o mundo conhecido. O domínio progressivo e irrefreável de Roma, primeiro sobre os povos que ocupavam a península itálica e, mais tarde, sobre os da região mediterrânea e do noroeste da Europa, produziu um império de vastas proporções. Em seu auge, em 106 d.C., durante o governo do imperador Trajano, estendia-se por cerca de 6 milhões de quilômetros quadrados, espalhados por três continentes: Europa, África e Ásia. Sua população, de cerca de 60 milhões, correspondia a um quarto da população mundial da época; a Roma da época do imperador Augusto, com mais de um milhão de habitantes de várias origens, culturas e etnias, constituiu a primeira verdadeira megalópole da história. Só dezoito séculos depois despontou no mundo ocidental uma cidade comparável, pelo tamanho, à Roma de Augusto: Londres.

O Império Romano, embora não seja o maior em extensão territorial, deve ser considerado, sem dúvida, a mais importante organização da história, não apenas pelo nível cultural e socioeconômico dos povos que a integraram, mas sobretudo pelo grande patrimônio cultural, no sentido mais amplo do termo, que legou à humanidade. De fato, marcou profundamente o nascimento e o desenvolvimento, em termos organizacionais, gerenciais, jurídicos, tecnológicos, artísticos e religiosos, do mundo ocidental moderno, para não mencionar sua influência sobre o Oriente, contribuindo para moldar impérios

INTRODUÇÃO

como o búlgaro e o russo. Incidentalmente, o termo "czar", que durante séculos designou o imperador da Rússia, vem do latim "César", palavra que remontaria aos etruscos, segundo a hipótese mais fidedigna, e significaria "grande" ou "divino". Em Roma, César era o codinome do filho adotivo de Caio Júlio César, Otaviano Augusto, o primeiro imperador a ter poder ilimitado.

Roma só pôde conquistar o que conquistou porque contava com uma forma única de gestão fortemente baseada em inovação. Claro, disso derivaram um exército bem treinado, bem equipado e bem organizado, uma eficiente infraestrutura bélica e um conjunto de características psicológicas que transformaram o império em uma poderosa máquina de guerra, capaz de destruir agrupamentos militares beligerantes e bem armados, muitas vezes de proporções esmagadoras e mesmo superiores numericamente.

O grande poder militar foi uma faceta importante da ascensão de Roma, lapidado pela capacitação incansável de seus soldados e por uma postura obsessiva em relação à vitória; os guerreiros romanos nunca partiam para uma batalha pensando se seria possível vencer, e sim em como venceriam. Houve derrotas, claro, mas cada uma delas produzia um novo e revigorado desejo de glória. Sozinho, porém, o poderio bélico não explicaria um sucesso tão longevo e estável. Os romanos tinham uma estratégia clara e expressa de maneira ampla e transparente, fortalecida por uma sensação de pertencimento que envolvia cidadãos comuns e soldados. Desenvolveram, ainda, um modelo inédito e eficiente de intercâmbios culturais e comerciais com os povos vencidos, que eram integrados a Roma e sentiam-se parte do Império.

A construção de seu vasto poderio deu-se sobre bases que, transpostas para os dias de hoje, interessam a todas as organizações empenhadas em construir uma estratégia de sucesso duradouro. Anos de pesquisa sobre a história romana e de vivência ombro a ombro em grandes corporações nos permitiram identificar as sete características do Império que guardam ensinamentos valiosos para as empresas do século XXI empenhadas em se tornar inovadoras. Verdade que vivemos em tempos de intensa revolução tecnológica e de transformações exponenciais. No entanto, o que Roma em seu ápice nos oferece é a lição mais preciosa, aquela que deveria nortear a gestão de todo líder da atualidade: *uma capacidade inesgotável de inovar*. Foi a inovação que impulsionou o Império Romano; e foi a decadência da capacidade de inovar um dos principais desencadeadores da ruína de Roma, como se verá no Epílogo desta obra.

Quando se mergulha mais fundo na história da Roma antiga, é natural que nos perguntemos como foi possível a um povo de pastores e agricultores, habitantes de um modesto aglomerado de aldeias na região central da Itália, dominar grande parte do mundo conhecido. A resposta que se descortina aos olhos dos pesquisadores é fascinante: a criação do Império Romano não resultou de uma incrível sequência de acontecimentos fortuitos, mas foi um projeto bem desenhado, perseguido com determinação e perseverança e norteado pela inovação.

Foi no ambiente militar que a inovação entre os romanos encontrou sua forma mais elevada de expressão. Desde os dias da República Romana, o exército romano sempre desempenhou, com as suas legiões, um papel decisivo na conquista e na manutenção do poder. É um emblema disso a irresistível ascensão de Júlio César, e, mais tarde, do primeiro imperador, Otaviano Augusto. Mas o objetivo deste livro não é exaltar as vitórias militares romanas, algumas das quais serão narradas apenas para enfatizar os fatores organizacionais inovadores que deram certo – às vezes introduzidos pelos romanos após grandes

INTRODUÇÃO

fracassos. Em vez disso, queremos enaltecer os aspectos que levaram os romanos à vitória, lembrando que o exército romano não foi só instrumento de opressão e dominação, mas também da paz, de ordem civil e progresso, em uma época na qual a terra representava riqueza e as ambições expansionistas dos vários povos eram a regra; sem uma máquina de guerra poderosa, era praticamente impossível viver em paz e prosperar, mesmo que se fosse dono das próprias terras.

Nesse cenário, os romanos logo entenderam que só havia duas possibilidades: tornar-se predador ou presa. Como presas, experimentaram o sabor amargo da derrota e da fuga – em 390 a.C., por exemplo, foram forçados a fugir de uma tribo celta que ocupara o centro-leste da Itália e assistiram impotentes ao saque de sua cidade, com todos os desastres que adviriam dessa situação terrível. Escolheram tornar-se predadores. Mas não quaisquer predadores, como se verá.

Nos últimos 70 anos da era moderna, nosso planeta passou por grandes transformações; no entanto, a natureza humana se manteve praticamente inalterada desde os tempos da Roma antiga. Grandes potências abandonaram os projetos de invasão e domínio militar de outras terras e concentraram seus investimentos nos campos econômico e tecnológico, aproveitando todos os recursos naturais e humanos disponíveis. É inegável que o imenso progresso científico e tecnológico resultou em armamentos cada vez mais sofisticados. No entanto, desde a metade do século XX, o poder de uma nação não é necessariamente proporcional ao seu potencial militar, mas sim ao seu poder econômico, baseado, em grande parte, na sua capacidade de inovar e competir globalmente. Japão e Alemanha, por exemplo, estão hoje entre os países mais inovadores e representam, respectivamente, a terceira e quarta economias mundiais. No entanto, não possuem, de fato, um exército real.

A guerra do presente, comercial e industrial, não é apenas uma guerra entre os Estados; é, sim, global, substancialmente baseada na competição aberta. É também entre empresas da mesma região e da mesma cidade, para o domínio comercial no território nacional e/ou no exterior. Da força e eficiência do exército, o foco migrou para a eficiência e a confiabilidade das máquinas, a inovação de produtos e processos, a formação dos dirigentes e funcionários, a organização da rede e serviços de vendas, o fortalecimento da logística e das infraestruturas. Tudo isso a fim de melhorar a produtividade/rentabilidade da empresa, bem como a atratividade do produto final. Para vencer, é preciso fornecer no momento certo e a preços competitivos (não necessariamente os mais baixos do mercado) produtos que sejam os melhores de sua categoria, *best in class*, apoiados também por um excelente serviço pós-venda, que capture e mantenha a satisfação e a lealdade dos clientes para com a "marca". Não é suficiente fazer bem: é preciso fazer diferente, entregar o novo, melhor do que os outros, tornar-se uma empresa Alfa.

Mas qual é a relação entre o Império Romano, com as suas legiões e o seu modelo organizacional, e fatores como a inovação tecnológica, a produtividade industrial e o desenvolvimento econômico na época atual?

É significativa e impressionante. Em primeiro lugar, as estratégias e táticas úteis para a guerra militar podem, muitas vezes, ser aplicadas com sucesso na guerra comercial. Não surpreendentemente, no famoso filme *Wall Street (1987),* o inescrupuloso empresário Gordon Gekko, interpretado magistralmente pelo ator Michael Douglas, sugere a seu discípulo de ler *A arte da guerra*, um livro escrito pelo general chinês Sun Tzu seis séculos antes de Cristo. Ainda hoje, o livro é popular entre gestores e empresários, bem como outro de tema similar, *O Príncipe*, do italiano Nicolau Maquiavel, escrito na primeira metade do século XVI.

Além disso, as lições derivadas do modelo estratégico e organizacional romano podem fornecer às modernas empresas diretrizes de

INTRODUÇÃO

valor inestimável para crescer e progredir nos negócios. As características da gestão romana que permitiram construir a grandeza de Roma, como o contínuo aprimoramento do armamento e das táticas de combate, a formação e o treinamento quase obsessivos dos legionários, a tenacidade na busca da meta, a extraordinária resiliência psicológica, o espírito de time e a mentalidade vencedora são também, ainda hoje, passados mais de dois mil anos, valores inestimáveis para o sucesso de qualquer organização e continuarão a ser no futuro. Empresas vencedoras, como Basf, 3M, Johnson & Johnson, Microsoft, Google, Apple, Toyota, Embraer, só para citar algumas, têm impressas no próprio DNA essas lições.

Com este livro, nosso objetivo é despertar nos gestores de hoje a atenção para a importância da aplicação desses mesmos preceitos e, assim, indicar o caminho mais certeiro para desenvolver em cada organização a capacidade de inovar, competir e vencer.

Valter Pieracciani e Laurentino Bifaretti

Linha do tempo

LINHA DO TEMPO

Esta cronologia não tem a pretensão de abranger toda a vasta e magnífica história civil e militar de Roma; traz apenas os grandes marcos relevantes para a compreensão das teses deste livro.

753 a.C. – Fundação de Roma e início do período monárquico.

509 a.C. – Tarquínio, o sétimo rei de Roma, é apeado do poder e expulso. Encerra-se o período monárquico e tem início a República.

390 a.C. – O exército de Roma é derrotado pelos gauleses na Batalha do Rio Alia. Os vencedores saqueiam a cidade.

280 a.C. – Pirro, rei de Épiro (que ocupa a área do que hoje é Albânia e noroeste da Grécia) invade Roma e dá início às Guerras Pírricas.

272 a.C. – Vencido, Pirro se retira para Épiro. A Magna Grécia cai sob o domínio romano.

264 a.C. a 241 a.C. – Primeira Guerra Púnica contra os cartagineses. Roma sai vitoriosa.

219 a.C. a 202 a.C. – Segunda Guerra Púnica contra os cartagineses. Roma sofre grandes derrotas contra Aníbal nas batalhas dos rios Ticino e Trebbia, do Lago Trasimeno e em Canne – nesta última, mais de 50 mil soldados romanos perecem em um único dia. Mas Roma se recupera e sai vitoriosa do conflito derrotando Aníbal na Batalha de Zama.

149 a.C. a 146 a.C. – Terceira Guerra Púnica contra os cartagineses. Roma sai vencedora e Cartago é destruída.

107 a.C. – O cônsul Caio Mário reforma o sistema de recrutamento das legiões romanas, criando um exército profissionalizado e bem equipado, formado por voluntários totalmente dedicados ao serviço militar.

60 a.C. a 52 a.C. – Júlio César, Cneu Pompeu Magno e Marco Licínio Crasso unem-se para governar a República Romana e formam o Primeiro Triunvirato. Roma já é uma grande potência, congregando toda a Itália e suas ilhas, a atual Provença, na França, Espanha, Grécia, Macedônia e as ilhas do mar Egeu, os territórios atuais da Croácia e norte da Albânia, boa parte do norte da África, a porção noroeste da Ásia Menor e a Síria.

43 a.C. – Otaviano, Marco Antônio e Marco Emilio Lépido formam o Segundo Triunvirato.

32 a.C. – Otaviano e Marco Antônio tornam-se inimigos. Na Batalha de Accio, Marco Antônio e sua aliada, a rainha egípcia Cleópatra, são derrotados. Em 30 a.C., o Egito se torna uma província romana.

27 a.C. – Fim da República e início do Principado: Otaviano torna-se imperador e assume o título de César Augusto. Tem início um período de paz que, apesar da existência de conflitos isolados, se estenderá aproximadamente até 180.

9 – Três legiões romanas caem em uma emboscada e são massacradas pelos alemães na floresta de Teutoburgo.

54 – Nero torna-se o quinto imperador de Roma; dez anos depois, ocorre o grande incêndio da cidade.

80 – Inauguração do Coliseu, em Roma.

113 a 117 – Campanha de Trajano contra o Império Parta, que ocupava parte da antiga Pérsia, hoje Irã; os romanos conquistam a capital, Ctesifonte, e alcançam o Golfo Pérsico; o império atinge sua expansão máxima.

161 – Marco Aurélio torna-se imperador.

162 a 166 – Seu irmão, Lúcio Vero, desencadeia novas campanhas militares vitoriosas.

180 – Com a morte de Marco Aurélio, seu filho Comodo torna-se imperador.

192 – No último dia do ano, Comodo é assassinado, após doze anos de um governo despótico e ineficiente. Tem início um período de grande instabilidade política.

LINHA DO TEMPO

235 a 284 – Em meio à anarquia militar, mais de 60 imperadores, entre legítimos e usurpadores, alternam-se no trono de Roma.

271 a 275 – Construção das Muralhas Aurelianas para defender Roma.

284 – Diocleciano se torna imperador.

285 – Diocleciano se declara Augusto (título honorífico) do Oriente e nomeia Maximiano Augusto do Ocidente. O império é bipartido.

293 – Devido à crescente dificuldade para administrar as numerosas revoltas dentro do Império, Diocleciano e Maximiano subdividem seus territórios em dois, criando quatro vastas áreas, com quatro capitais imperiais. Maximiano confia o título de César a Constâncio Cloro e Diocleciano nomeia Galério. Nasce a Tetrarquia: dois Augustos e dois Césares (293 a 305).

305 – Diocleciano e Maximiano abdicam. Constâncio Cloro e Galério se tornam Augusti.

306-324 – Guerras civis entre os pretendentes ao trono de Roma.

378 – Na Batalha de Adrianópolis, o imperador do Oriente, Valente, é derrotado e morto pelos godos. Esse conflito marca o começo do processo que levará à queda definitiva do Império do Ocidente.

392 – Teodósio, Augusto do Oriente, torna-se também Augusto do Oeste e reúne o Império sob um único governo pela última vez.

395 – Com a morte de Teodósio, o Império Romano está novamente dividido entre seus dois filhos, em Império Romano do Oriente e no Império Romano do Ocidente. Não será mais reunificado.

410 – Roma é saqueada pelos godos liderados pelo rei Alarico I.

455 – Roma é saqueada pelos vândalos.

475 – Rômulo Augusto é proclamado imperador do Ocidente.

476 – O general germânico Odoacre depõe Rômulo Augusto; queda do Império Romano do Ocidente.

IMPÉRIO DA INOVAÇÃO

INTEGRE CONHECIMENTOS E FORTALEÇA A CULTURA PARA A INOVAÇÃO

INTEGRE CONHECIMENTOS E FORTALEÇA
A CULTURA PARA A INOVAÇÃO

H á mais de 2 mil anos, já senhores de um império que compreendia boa parte do continente europeu, do Oriente Médio e do norte da África, os romanos haviam compreendido uma lição que ainda hoje escapa a muitos gestores empenhados em tornar suas empresas mais inovadoras. Guerreiros estupendos, decididos a fortalecer suas legiões e estender as fronteiras territoriais, eles sabiam que isso viria mais rapidamente se conseguissem incorporar a seus exércitos vitoriosos as melhores qualidades dos vencidos. Sabia-se em Roma que a inovação é um processo social, humano e construtivista, um edifício erguido tijolo a tijolo graças ao trabalho de muitas mãos e cérebros, com contribuições de diferentes indivíduos, pontos de vista e especialidades. Os romanos tinham a percepção clara de que a capacidade de inovar não depende do dom de algum general. Não é uma característica que brota isoladamente em mentes geniais, e sim um fenômeno equivalente, na natureza, à polinização cruzada, que dá origem a plantas mais vigorosas e resistentes. Muito antes dos grandes teóricos da inovação, entenderam que times diversificados eram sinônimo de inovações significativas e robustas.

Essa consciência se traduzia em um esforço notável para integrar os povos conquistados. Em vez de simplesmente esmagar e escravizar os vencidos, os generais romanos os avaliavam com enorme interesse. No que eram realmente bons? Em que haviam inovado? Essa habilidade poderia ser aprendida e replicada? Traria benefícios ao Império Romano? Os imperadores e os generais de Roma conheciam muito bem seus pontos fortes e fracos e jamais desprezavam inovações e talentos que poderiam trabalhar a seu favor. Por mais poderosa que fosse, Roma sempre considerava os possíveis ganhos de uma aproximação com as novas "províncias". O avanço das tropas romanas era potente e eficaz do ponto de vista militar, por vezes brutal; porém, dava-se com esse olhar de identificar o que podia ser aprendido e incorporado. Assim, cada nova cultura que os romanos agregavam a seu império amplificava sua força. Eles garimpavam o conhecimento de marceneiros, ceramistas, arquitetos e mesmo de estrategistas militares locais, incorporando o que havia de melhor em cada cultura.

Roma não teria se transformado no grande império global de seu tempo sem a contribuição dos vencidos.

O próprio exército romano não se constituiu sobre uma base étnica: mesmo voluntários nascidos fora do império poderiam, de fato, se matricular nele. Isso transformou as legiões romanas em uma inteligente mistura na qual todos lançavam mão de suas melhores habilidades. Tanto era assim que até os guerreiros bárbaros poderiam, caso merecessem, assumir posições de responsabilidade: muitos tornaram-se importantes generais.

Durante as guerras da Gália, entre 58 e 50 a.C., Júlio César agregou a seus exércitos arqueiros que vinham da ilha grega de Creta e lançadores das ilhas Baleares, na costa espanhola. A infantaria leve que entrou em campo nessas batalhas sangrentas empregava técnicas aprendidas com os númidas, povo que habitava o norte da África. Nessas três especialidades militares, os romanos não eram tão bons quanto seus cativos; apropriaram-se, então, das táticas deles para tornar seu exército invencível.

O gládio, a famosa espada curta e letal usada pelos soldados que emprestou seu nome aos gladiadores e se tornou um emblema dos legionários romanos, resultou de uma evolução técnica da espada hispânica utilizada pelos celtas na península ibérica. A arma foi encurtada, aperfeiçoada e ganhou um contrapeso esférico no cabo que lhe conferiu o equilíbrio necessário para que fosse manuseada como uma extensão do braço dos guerreiros. O próprio capacete romano da época imperial inspirava-se no similar celta. O esquema de combate em formação manipular, que permitia manobras mais ágeis do que a clássica formação em falange, foi aprendido com os guerreiros sanitas, os primeiros colonizadores de Pompéia. Até mesmo a *lorica segmentata*, armadura típica da infantaria pesada romana e verdadeira joia da vestimenta bélica, foi, provavelmente, a evolução de uma proteção semelhante adotada pelos gladiadores do Oriente.

Na vida civil, os romanos aprenderam com os etruscos a construir arcos, aquedutos e pontes, aperfeiçoando soluções que ainda hoje despertam surpresa e admiração. O arquiteto Apolodoro de Damasco, a quem Trajano (98-117) encomendou a construção das Termas, do Fórum e da Coluna que leva o nome do imperador em Roma, era de origem síria, classificada como província romana desde 27 a.C. O mais famoso médico da Roma antiga foi Galeno Claudio, nascido em Pérgamo, na Turquia moderna. Galeno escreveu mais de 500 livros, considerados durante séculos a soma de todo o conhecimento de medicina do mundo, e tornou-se o médico pessoal do imperador Marco Aurélio (161-180).

DE ROMA PARA AS GRANDES CORPORAÇÕES

Essa receita de inovação e de gestão do conhecimento, sem dúvida uma das grandes propulsoras do Império Romano, encontra equivalência nas empresas quando se formam times de inovação mais abertos. Esses times podem agregar pessoas de diferentes áreas ou mesmo convidados externos, como clientes, especialistas e provocadores originários de outros meios e culturas.

A sobreposição de saberes para a construção da inovação pode ocorrer de diversas maneiras: entre as pessoas de uma mesma equipe; entre equipes de inovação com diversos projetos, sendo que cada uma delas contribui refinando os projetos das demais; e mesmo entre grupos maiores. Fora dos muros das companhias, empresas podem contribuir com empresas, miscigenando culturas diferentes, polinizando-se umas às outras, como ocorre entre organizações e *startups* e entre empresas e universidades. É provado que a composição de visões impulsiona grandes avanços na inovação. E esse vínculo ainda pode se dar como na antiga Roma dominadora: entre as empresas e seus concorrentes, compartilhando custos de pesquisa e chegando mais depressa às soluções. Porém, mesmo as empresas mais inovadoras ainda resistem a essa ideia, acreditando que chegar primeiro à solução lhes trará vantagem competitiva. Isso era verdade no passado, quando havia anos separando uma inovação de suas cópias. Essa eventual vantagem competitiva não se sustenta mais no contexto em que vivemos, no qual, em questão de horas, uma descoberta pode ser perfeitamente clonada.

Na estratégia das organizações inovadoras ou usinas de inovação, como as denominamos, o que se vê cada vez mais, e que pode ser comparado à estratégia dos romanos, são grandes corporações "conquistando" as menores em busca de ganhos de força e competitividade. Nos pequenos negócios, sobretudo naqueles que têm caráter de *startup*, as gigantes encontram habilidades, tecnologias e competências que não dominam. Incorporando essas qualidades, colocam-se em um patamar superior ao da concorrência.

Até pouco tempo atrás, os modelos de incorporação eram diferentes do que se observa hoje: o ímpeto dominador dos gestores das

INTEGRE CONHECIMENTOS E FORTALEÇA
A CULTURA PARA A INOVAÇÃO

grandes organizações acabava por anular os ganhos com a união a empresas menores. Os pontos fortes destas raramente migravam para a gestão das grandes. Agora, em escala crescente, veem-se empresas líderes do segmento de bens de consumo, grandes bancos e multinacionais criando programas de inovação aberta com o objetivo central de incorporar a *cultura* das *startups*. Em geral, culturas que prezam a agilidade, a abertura à experimentação e a prontidão e o domínio de novas tecnologias. Tudo o que as maiores querem (e precisam acoplar) em tempos de competitividade global acirrada e transformações incontroláveis.

Compreende-se que as grandes corporações tenham dificuldade em promover as mudanças necessárias para instigar a inovação utilizando apenas seus mecanismos internos. O ritmo alucinante do dia a dia, os *budgets* apertados e a pressão por metas e resultados tendem a sufocar qualquer iniciativa inovadora. É raro haver espaço para o risco, para a experimentação e para esforços que não se reflitam em resultados de curto prazo e bônus para o time no final do ano. Inovar está muitas vezes na contramão da redução de custos; na maioria das vezes, não foi algo planejado e, portanto, traz a sensação de não estar contribuindo para engordar resultados de curto prazo – verdadeiro mantra na maioria das organizações.

Quando essas corporações conhecem *startups* que, com cinco funcionários e suas soluções, seriam capazes de absorver o inteiro trabalho de departamentos com 200 ou 300 profissionais, experimentam uma espécie de epifania. Dão-se conta de que as pequenas geniais ameaçam o *status quo*, pois crescem e atraem os investimentos. E, principalmente, têm cérebros privilegiados que as grandes empresas não conseguiriam atrair, e muito menos reter. Daí nasce o desejo de se aproximar das *startups*, agregando o que deu certo nelas e fortalecendo os times internos de inovação com recém-chegados que trazem consigo outros modos de pensar e fazer.

As usinas de inovação operam em rede, somando profissionais engajados em torno de desafios e da resolução de problemas, à maneira das *startups*. Constroem relações transitórias, mas carregadas de força e alinhamento. O conceito de *open corp* ou *open business*, baseado justamente nas ideias de rede e de colaboração aberta, ganha força e torna-se marca registrada das empresas inovadoras.

COMO INTEGRAR

Para convencer os povos conquistados a lutar lado a lado com eles e a ensinar-lhes seus segredos e suas artes, os romanos desenvolveram estratégias sofisticadas e inteligentes. Havia, claro, um processo gradual de romanização, ou seja, de transferência dos costumes e do estilo de vida de Roma. Porém, esse processo fazia-se acompanhar da concessão de certa autonomia — de maneira alguma desprezível — ao governo local. Os romanos criavam assentamentos nos territórios ocupados, promoviam trocas comerciais justas, selavam acordos de colaboração e ofereciam incentivos fiscais.

O benefício mais desejado, porém, era a cidadania romana. Uma vez que a obtivesse, o indivíduo ganhava acesso a cargos públicos e a várias posições da magistratura, direito a voto, possibilidade de participar das assembleias políticas em Roma e até mesmo o privilégio de ser julgado com base no direito civil. Foi graças a esse último benefício que São Paulo, o apóstolo e mártir cristão nascido judeu na cidade turca de Tarso, portador de cidadania romana, solicitou e recebeu permissão para eludir um tribunal judaico. Paulo tinha sido preso em Jerusalém sob a acusação de perturbar a ordem pública, mas pleiteou ser julgado em Roma, onde pôde continuar pregando apesar da prisão domiciliar.

Tornar-se um cidadão romano, porém, era para poucos. Roma exigia fidelidade e alto grau de adesão à cultura do império, regras que valiam não apenas para o pleiteante, mas igualmente para sua

INTEGRE CONHECIMENTOS E FORTALEÇA
A CULTURA PARA A INOVAÇÃO

família e província de origem. Um soldado estrangeiro que desejasse a cidadania romana teria que prestar serviços relevantes ao exército de Roma durante 25 anos ou distinguir-se em campanhas decisivas para a defesa do território.

Nas corporações do nosso tempo, sabe-se que será preciso desenvolver culturas organizacionais que sejam, de alguma forma, mais favoráveis à inovação. A estratégia de unir-se às *startups* tem se mostrado vencedora nos casos em que há, de fato, uma predisposição para a mudança. Não apenas mudança de discurso, mas profundos ajustes e realinhamento nos valores e, a partir disso, nas atitudes que a eles correspondem. Atitudes aceleradoras da inovação.

PARA ACELERAR A INOVAÇÃO

Comecemos entendendo a que nos referimos quando falamos em uma *cultura favorável à inovação* ou, simplesmente, *uma cultura para a inovação*.

Grosso modo, pode-se dizer que para entender qual é a cultura de uma empresa basta observar o que "pega bem" fazer. Quais são os comportamentos que têm real identificação com os valores daquela companhia; valores reais, que nem sempre são aqueles expressos em bonitos cartazes, propalados pelas *intranets* ou piscando na proteção de tela dos computadores. Conhecemos uma grande empresa na qual, por exemplo, "pega bem" chegar cedo. Sair da cama antes do que se desejaria é, portanto, uma atitude alinhada àquela cultura.

Olhe em volta e verá muitos outros exemplos concretos de traços culturais, inclusive na empresa onde trabalha. Hábitos como: frequentar o chão de fábrica envolvendo-se em pequenos problemas da operação e mostrando disponibilidade para pôr a mão na massa; evidenciar cuidados com segurança; não consumir nenhum produto da concorrência, ou, ao contrário, ficar o tempo todo espiando os concorrentes.

Essas atitudes "falam" quão favorável à inovação é a cultura da organização. Em culturas mais abertas à inovação, conta pontos, por exemplo, festejar vitórias, mesmo que pequenas; fazer reuniões informais e *happy hours* com as equipes. Certa vez, atuamos em uma companhia na qual o número de *happy hours* que um gerente promovia com sua equipe era indicador de desempenho considerado em sua avaliação. Motivo? Simples: as equipes trabalhavam alocadas em clientes e esses encontros, mesmo que parecessem informais, eram momentos de realinhamento e resgate da cultura da empresa.

Condutas assim podem fazer uma enorme diferença quando se trata de inovar.

Em um ambiente de P&D, um mesmo achado, evidenciado por pesquisadores equivalentes atuando em ambientes e culturas diferentes, pode ter encaminhamentos completamente diversos. Um bom exemplo é a descoberta do Viagra, uma inovação histórica que levou a Pfizer à liderança no mundo dos fármacos. Mais do que isso, mudou o rumo desse setor, que deixou de ser de remédios para se tornar indústria da *qualidade de vida*. Todos sabemos hoje que as pesquisas que levaram ao Viagra visavam desenvolver um medicamento para controle da angina, uma doença cardíaca; o Viagra surgiu de um efeito colateral gerado por um dos componentes da fórmula. Se isso tivesse ocorrido em uma empresa carente de uma cultura de inovação, a reação teria sido de exasperação e abandono imediato do caminho. Na Pfizer, graças à mentalidade inovadora instalada, alguém deve ter reagido com uma surpresa curiosa e positiva, dizendo: "Nossa, que interessante! Vamos abrir, a partir disso, um novo projeto?"

OS 10 VALORES PARA INOVAR

A diferença entre uma cultura organizacional tradicional e uma cultura para a inovação está na escolha dos valores vigentes. E, em

INTEGRE CONHECIMENTOS E FORTALEÇA A CULTURA PARA A INOVAÇÃO

consequência, nas atitudes das pessoas, que podem ser alavancas ou barreiras para a inovação, fazendo-a vingar ou morrer.

Para tornar este discurso mais tangível propomos, a seguir, uma relação de valores comumente encontrados nas usinas de inovação com as quais trabalhamos ao longo dos últimos 20 anos. Esses valores constituem uma sólida base para uma cultura para a inovação. Pode-se dizer que estavam presentes em maior ou menor escala nas políticas integracionistas dos romanos. Podem servir também à sua organização e são um termômetro para medir o quanto ela é verdadeiramente favorável à inovação.

1 Pessoas em primeiro lugar. Nas empresas verdadeiramente inovadoras, elas são respeitadas e ouvidas. Há uma forte orientação para boas políticas de recursos humanos e processos consistentes para assegurar que indivíduos talentosos sejam atraídos, selecionados, contratados e, principalmente, retidos. Para os romanos, era ponto pacífico: os homens sempre foram o fator determinante para vencer os maiores desafios. Os grandes generais romanos, como Públio Cornélio Cipião, Caio Mário e Júlio César, construíam fortes vínculos com seus soldados, baseados em disciplina, treinamento e coragem no campo de batalhas, mas também em respeito, compreensão, motivação e, acima de tudo, exemplo pessoal. Ainda que a hierarquia se mantivesse, os generais romanos e seus comandados compartilhavam riscos, tarefas árduas e sacrifícios, bem como momentos de júbilo e prêmios; eram todos protagonistas de uma grande aventura, prontos a dar o melhor de si para alcançar objetivos. Ver o grande César marchando a pé, ao lado de seus homens de infantaria, ou dormindo ao relento, após ceder uma cabana confiscada ao inimigo para que seu braço-direito e amigo Caio Ópio pudesse descansar, inspirava nos soldados mais confiança do que dezenas de discursos eloquentes. Conta-se que certa vez os legionários de César foram levados a um comandante inimigo, que lhes pouparia a vida se abandonassem seu líder e aceitassem se bandear para o outro exército. Em nome de todos, um centurião declarou: "Como posso lutar, hostil e armado, contra meu comandante?"

Da mesma forma, empresas inovadoras constroem fortes laços humanos não só com os funcionários, mas com os clientes e a sociedade. A Whole Foods, rede norte-americana de supermercados especializados em alimentação saudável e um dos exemplos de empresas inovadoras no setor de varejo, investiu nesse vínculo – e foi salva por ele. Em 1981, menos de um ano após a inauguração da primeira loja, em Austin, no Texas, uma grande enchente castigou a cidade. As mercadorias foram arrastadas pela água e muitos equipamentos se perderam. Porém, a relação com funcionários, clientes e vizinhos era tão poderosa que todos se uniram para ajudar. O estabelecimento foi reaberto menos de um mês após a cheia.

INTEGRE CONHECIMENTOS E FORTALEÇA
A CULTURA PARA A INOVAÇÃO

2 Fronteiras abertas. As usinas de inovação têm uma conexão forte com seus fornecedores e clientes, com universidades, centros de pesquisa e todos os demais stakeholders, criando em torno de si um ecossistema de inovação. Como atuam em rede, para elas é importante estar atentas ao que acontece fora de seus muros. "Pega bem" buscar parcerias, interagir com pessoas de outros ambientes, ler jornal, revista de arte, assistir a um filme que não tenha nenhuma ligação direta com o negócio. Os *Techdays* que as empresas inovadoras realizam de maneira sistemática são um claro exemplo disso; consistem em eventos e oficinas organizados para buscar a inovação, envolvendo fornecedores, clientes, especialistas, convidados de outras áreas, etc. A lata "acinturada" do leite condensado, um dos mais conhecidos produtos da Nestlé, nasceu a partir de interações realizadas em oficinas dessa natureza. A inovação conferiu esbeltez e modernidade à embalagem, contrapondo-se à imagem de produto antigo e calórico. Exercícios para vivenciar de perto a jornada do cliente e, assim, entender suas emoções no momento da compra também se tornam cada vez mais frequentes. A Purple, *startup* no ramo do comércio de vinhos para *millennials*, instalou uma loja no Laboratório Brasileiro de Inovação do Varejo, iniciativa da Associação Brasileira de Desenvolvimento Industrial (ABDI) em São Paulo, com um objetivo claro: perceber as emoções, dificuldades e dores dos clientes ao adquirir uma garrafa. A experiência permitiu à loja oferecer ao comprador dimensões de escolha: por ocasião (impressionar uma namorada, presentear uma pessoa importante, entre outras); e por atributo, com uso de tecnologia (corpo, tanino, acidez, presença de fruta).

3 Experimentalismo. A experimentação contínua, mesmo com os riscos inerentes e indissociáveis, está na essência das companhias inovadoras. Elas, por princípio, trabalham muito mais com o método tentativa-e-erro do que fazendo infinitos *benchmarkings*. Na Roma antiga, a extraordinária evolução das técnicas de construção, arquitetura e arte, bem como de sua máquina de guerra, foi fruto de experimentação incessante, tanto em tempos de paz quanto de conflito. A composição e o posicionamento dos exércitos nas batalhas, bem como as táticas de defesa e ataque mais bem-sucedidas do mundo antigo, também se cristalizaram após a experimentação de muitas possibilidades, trazidas pelos povos que Roma, gradualmente, integrou ao seu poderio. Nas organizações atuais, observamos que empresas pouco inovadoras supervalorizam a voz de comando. Com isso, abrem mão do ciclo de aprendizagem permanente e de mão dupla que resulta do experimentalismo, da coragem de tentar e da busca permanente do desconhecido, sem medo dos fracassos e de suas consequências.

4 Flexibilidade positiva. Nas usinas de inovações também existem regras, claro, mas elas podem ser flexibilizadas para fazer feliz o cliente ou para evidenciar a capacidade de inovar da organização. Certa vez, em uma viagem internacional, sentou-se ao nosso lado um cientista indiano. Na hora da refeição, ele, gentilmente e em voz baixa, lembrou à comissária que sua refeição era vegana. A mulher, impaciente, disse-lhe que não existia tal reserva em nome do passageiro. Ele, calma e educadamente, reafirmou à senhora que tinha certeza de ter solicitado com antecedência a refeição especial, e devolveu a bandeja. Disse-me: "Paciência, essas coisas acontecem. Ficarei sem comer". Enquanto eu fazia minha refeição, ele voltou à sua leitura, mas logo foi novamente interrompido pela comissária, agora com uma prancheta na mão. "Olhe aqui", ela dizia, "seu nome ou assento está por acaso nesta lista?" O indiano, muito constrangido, ficou em absoluto silêncio. Passados 15 minutos, a mulher voltou com uma porção de legumes e arroz que tinha improvisado em um gesto de arrependimento. Evidentemente, ela poderia ter flexibilizado a regra e feito exatamente o que fez, porém no instante do incidente. A empresa não teria perdido nada e a funcionária teria garantido a satisfação de um cliente que talvez viaje com frequência, mas dificilmente colocará os pés de novo em uma aeronave daquela companhia. As organizações inovadoras fazem isso o tempo inteiro, e quanto mais fazem, mais ágeis e resistentes às turbulências se tornam.

5 Erro como aprendizado. Errar e aprender são situações inapartáveis quando se trata de aperfeiçoar processos continuamente. O erro é oportunidade importante de aprendizado e, de maneira geral, deve ser amplamente divulgado como lição aprendida. O general e estadista romano Público Cornélio Cipião sabia que guerreiros vencidos preparavam-se para as próximas batalhas com sangue nos olhos, ansiosos por demonstrar seu valor. Em 216 a.C., os romanos haviam sofrido sua derrota mais sangrenta diante de Aníbal, em Canne; naquela ocasião, em um único dia, mais de 50 mil soldados de Roma foram abatidos pelos exércitos do feroz general cartaginês. Os sobreviventes dessa batalha histórica foram exilados na Sicília, de onde não podiam retornar a Roma. Nos anos seguintes, Cipião arregimentou esses homens e outros vencidos em duas outras batalhas contra Aníbal (na Puglia, em 212 e 210 a.C.) e, com treinamento profissional e motivação incessante, transformou-os em uma máquina de guerra perfeita, a mais eficiente que Roma já tinha visto. Esse exército de veteranos bem treinados, endurecidos por anos de campanha e leais ao general que lhes dera uma segunda chance após derrotas vergonhosas, partiu para a Tunísia em 204 a.C. e desempenhou um papel decisivo na vitória contra Aníbal na Batalha de Zama, em 202 a.C. Pode-se dizer mesmo que essa vitória lançou as sementes da Roma Imperial, consolidada um século depois.

6 Senso de oportunidade. Em 1993, um químico da P&G, pesquisador de moléculas, esbarrou quase sem querer em um composto que se tornaria um grande êxito comercial. Esse químico costumava chegar em casa à noite com forte odor de cigarro. No entanto, no dia em que havia trabalhado com um composto em especial, o hidroxypropil beta cyclodextrin, ou HPBCD, sua esposa perguntou-lhe por que, naquela noite, não cheirava a cigarro. Com notável senso de oportunidade, o cientista realizou novos testes e percebeu que o composto de fato anulava diversos odores – entre eles o de cigarro. Nascia aí um campeão de vendas, o Febreze, inaugurando uma nova categoria de produtos no mercado.

7 Intraempreendedorismo. A empresa inovadora abre caminho para que cada indivíduo e cada time empreendam dentro de seu espaço. Uma evidência disso são os muitos programas que incentivam as equipes de casa a criar projetos que possam evoluir e tornar-se empresas, as intra-*startups*. O Innova, programa Embraer de Inovação (ver página 110), começou com um desafio para que os profissionais da empresa desenvolvessem inovações "fora das aeronaves", ou seja, em produtos e serviços correlatos, mas não necessariamente projetos de aviões. Desse programa nasceram e ainda nascem ideias de novos serviços, novos negócios e uma bateria de *startups*: projetos que superam o crivo dos diretores podem tornar-se *startups* específicas sujos sócios são os criadores-empreendedores e a própria Embraer. Um exemplo é a Embraer Sistemas, empresa de consultoria em gestão de riscos, uma das especialidades notórias da gigante brasileira de aviação.

8 Conhecimento como valor. Na Roma imperial, líderes políticos, administrativos e militares empenhavam-se na elaboração e difusão de manuais técnico-científicos sobre temas tão diversificados como engenharia hidráulica, veterinária, agricultura e astronomia.

INTEGRE CONHECIMENTOS E FORTALEÇA A CULTURA PARA A INOVAÇÃO

O grande destaque da literatura científica romana foi o tratado *Naturalis historia*, uma enciclopédia com 37 volumes escrita por Plínio, *o Velho* (23-79 da nossa era). Segundo seu autor, compilava 20 mil fatos de várias disciplinas científicas extraídos de cerca de 2 mil livros da época. Esse conhecimento exerceu forte influência sobre o desenvolvimento da cultura europeia moderna e medieval. Os romanos sistematizavam também seu conhecimento militar. Escrito provavelmente na primeira metade do século 5 por Públio Flávio Vegécio Renato, o *Epitoma rei militaris* era um compêndio de leis e regulamentos criados sob os imperadores Augusto, Trajano e Adriano. Consistia em quatro livros, com orientações claras sobre seleção e treinamento de novos recrutas; organização das legiões; provisões para ações; e ataque e defesa de lugares fortificados e operações navais. À maneira dos romanos, hoje sabe-se que aprender, codificar e compartilhar saberes é parte da essência da empresa verdadeiramente inovadora. Em tempos atuais, um bom exemplo vem da Nestlé, que criou uma enciclopédia mundial compilando soluções de problemas encontrados em seus processos e máquinas. Mediante a inserção de uma palavra-chave, é possível consultar todas as possibilidades de resolver questões envolvendo os equipamentos da empresa. O conhecimento tornou-se um ativo de valor para a companhia e para as pessoas.

9 Fazer diferente. Pensar no que ninguém pensou é uma conduta altamente valorizada nas empresas inovadoras. Um cadeado é um cadeado desde os tempos do cinto de castidade, certo? Para um grupo de profissionais inovadores da Papaiz, marca-referência em cadeados e fechaduras, não precisava ser necessariamente assim: poderia ser um acessório elegante e atento a tendências. Foi com esse raciocínio que, no início dos anos 2000, a empresa lançou itens de estilo que mudaram sua história. Tinham transformado o significado dos cadeados, que, de meras trancas, tornaram-se acessórios.

10 Respeitar e acolher objeções. Uma vez que a inovação se refina e atinge elevados estágios de aplicação por meio de um processo construtivo, é claro para os inovadores que toda e qualquer contribuição, venha de onde vier, é relevante. Mais do que isso: pode ser o tijolo que falta para colocar a inovação em pé. É preciso, então, depositar enorme energia positiva nas contribuições, mesmo que venham sob a forma de críticas e objeções. Ainda que pareçam desnecessárias ou destrutivas à primeira vista, é essencial que sejam compreendidas em sua plenitude. Só assim será possível separar a melhor porção de cada uma delas, incorporando essa parcela ao processo de aperfeiçoamento da inovação em construção.

Os dez valores que listamos estão na base de uma cultura favorável à inovação, mas não esgotam o assunto. São apenas os mais presentes nas usinas de inovação com as quais trabalhamos. Incorporar e fazer valer crenças como essas é o que fundamenta uma cultura para a inovação. Construir essa cultura, ou mesmo integrar valores e atitudes de pequenas empresas iniciantes às grandes corporações, é um desafio. Será preciso compreender como as pessoas nessas empresas se comportam e elaborar um processo estruturado de transformação, a exemplo da maneira como os romanos conduziam a integração dos povos conquistados. Damos a esse processo o nome de "mudança cultural em alta velocidade".

Para mudar valores e cultura é importante considerar também que blá-blá-blá não funcionará. Será preciso acreditar nos novos valores, entregar-se a eles e, por meio do exemplo, difundi-los na empresa. "Eles olham para os seus pés e não para os seus lábios" – a frase do especialista em gestão Tom Peters já indicava que o discurso pouco vale. Os subordinados observam para onde a liderança caminha. Quando se trata de cultura, o que vale é o exemplo. Palavras voam, a escrita permanece e o exemplo arrasta, como dizia o ex-deputado federal Ulysses Guimarães (1916-1992).

INTEGRE CONHECIMENTOS E FORTALEÇA
A CULTURA PARA A INOVAÇÃO

A integração do Banco Bradesco com o ecossistema de inovação

Fortalecer a cultura de inovação tem sido uma das importantes frentes de trabalho do Bradesco. Fundado em 1943 em Marília, no interior de São Paulo, o Bradesco é hoje uma das maiores corporações abaixo do Equador. Emprega cerca de 100 mil funcionários e consolidou-se como um dos *players* mais respeitados do mundo no setor bancário. É possível afirmar que dois fatores contribuíram para que o banco chegasse forte e moderno aos 76 anos: um posicionamento estratégico claro e permanente atualização tecnológica.

Há cerca de duas décadas, quando ainda se falava pouco em inovação, o Bradesco já buscava, de maneira estruturada e sistemática, soluções tecnológicas que pudessem posicioná-lo à frente da concorrência. Durante muitos anos, sua área de tecnologia foi o destaque do banco e sua melhor arma competitiva. Hoje, analisando mais diretamente o papel desse setor no crescimento da instituição, até transformar-se em área de inovação, compreende-se que a inovação sempre cumpriu um papel estratégico. O investimento pesado e maciço em tecnologia e inovação fez com que Bill Gates mencionasse o Bradesco em seu livro *A Empresa na Velocidade do Pensamento*[1] como uma das organizações mais inovadoras do mundo.

De 10 anos para cá, porém, o impacto da tecnologia no mundo das organizações vem se transformando de maneira radical. Aplicativos, algoritmos, grandes bases de dados, inteligência artificial, *blockchain* e outros vetores de desenvolvimento mudaram completamente a face e a importância estratégica da tecnologia. O setor bancário logo compreendeu o impacto dessas transformações não apenas so-

---

1. GATES, Bill, A Empresa na Velocidade do Pensamento. Companhia das Letras: São Paulo, 1999.

bre seus processos, mas sobre todo o segmento. Entendeu que delas poderiam surgir novos modelos de negócios revolucionários. Sendo assim, os bancos de modo geral – não só o Bradesco – mobilizaram-se para encontrar um caminho que rapidamente lhes desse a possibilidade de avançar em alta velocidade no campo da inovação e na conexão com as novas tecnologias, com as pessoas que as estão desenvolvendo e com tudo o que está acontecendo nesse novo mundo de organizações exponenciais que se configura. Articularam-se para aproximar-se desse universo tecnológico, auscultar as principais mudanças e, dentro do possível, participar delas, incorporando soluções, tecnologias e até mesmo... empresas iniciantes.

O Cubo, espaço criado pelo Itaú para acelerar *startups* e conectá-las com possíveis investidores, é um exemplo claro desse esforço do setor de manter-se próximo da inovação e da preocupação de monitorar permanentemente o que há de novo, quem está fazendo a mudança e como. É um movimento natural, uma vez que as grandes ameaças a esses bancos não são outros bancos; o concorrente do Bradesco não é apenas o Itaú ou os grandes bancos, mas também pequenas instituições e empresas de base tecnológica que se apresentam para realizar serviços bancários de maneira melhor, mais rápida e mais barata. Portanto, os bancos têm envidado esforços para conectar-se com esse ecossistema da inovação e, uma vez dentro dele, perceber os movimentos, acompanhá-los e utilizá-los para acelerar a própria inovação interna.

Além disso, a convivência com empresas iniciantes, com seus fundadores e com as tecnologias que eles empregam aproximaria os bancos de uma nova maneira de ser e de pensar. Esse *mindset*, por sua vez, poderia proporcionar uma mudança capaz de tornar a própria cultura do banco mais propícia à inovação. Atento a essa possibilidade, o Bradesco lançou em 2014 seu primeiro movimento de aproximação com *startups*, o inovabra *startups*. Em um primeiro

INTEGRE CONHECIMENTOS E FORTALEÇA
A CULTURA PARA A INOVAÇÃO

ciclo ainda experimental, o objetivo foi selecionar empresas cujas soluções poderiam ser aplicáveis ou adaptáveis aos múltiplos negócios do banco. A lógica foi a de prever demanda e assim permitir que as *startups* escalassem seus negócios, tendo o Bradesco como um novo e grande cliente.

Nesse primeiro ciclo, a grande estreia do banco no ecossistema, mais de 500 *startups* se inscreveram; oito foram escolhidas e aceleradas ao longo do ano seguinte, como se vê no quadro a seguir. Das 20 finalistas, 25% tinham foco em engajamento de clientes.

Em 2015, o programa atingiu um nível maior de maturidade e chegou à segunda edição com 12 *startups* selecionadas e aceleradas. Aprendizados da edição anterior, o apoio da Pieracciani – consultoria que participou e acompanhou a segunda edição, reforços na estrutura, conteúdos e metodologia mais robustos permitiram ao Bradesco construir as bases para um processo permanente de conexão com as *startups* e foco em novas tecnologias envolvidas, bem como com os empreendedores à frente delas. Nasceu desse segundo ciclo o desenho do inovabra em forma de rede e plataforma, com oito novos programas derivados: inovabra internacional, inovabra *ventures*, o laboratório (inovabra lab), o *hub*, os polos, o IA (inteligência artificial), *startups* e o inovabra habitat. Este último é um espaço físico onde o Bradesco se conecta com o ecossistema e com outros braços da rede de inovação do próprio banco.

Acrescer é o objetivo estratégico desses programas e, em especial, o do Bradesco. A palavra fala por si; quase idêntica a crescer, desenvolver-se. Assim como na antiga Roma, não se tratava de dominar províncias, como se pode erradamente interpretar. Bem diferente disso. O império expandiu-se e fortaleceu-se oferecendo a elas a força e a capacidade de promover desenvolvimento que só uma organização forte como ele possibilitava. Essa conexão e essa forma de operar, na qual um gigante se liga a pequenas empresas, incorpora

IMPÉRIO DA INOVAÇÃO

suas culturas, busca aprender com elas e as apoia para que evoluam, pode perfeitamente comparar-se ao que acontecia na antiga Roma com as pequenas províncias e cidades acrescidas ao império. Os *hubs* evocam os acampamentos da Roma antiga, áreas conectadas ao império, porém dotadas de todos os confortos para uma convivência interessante e produtiva entre os representantes imperiais e as novas províncias. Os contratos firmados entre ambos também guardam semelhanças com aqueles que as grandes corporações assinam com as pequenas *startups* escolhidas e credenciadas por elas; esses contratos costumam ser motivo de orgulho para as *startups*, da mesma maneira como eram para as populações das províncias anexadas. Roma desenhou uma estratégia de crescimento e inovação por meio da ab-

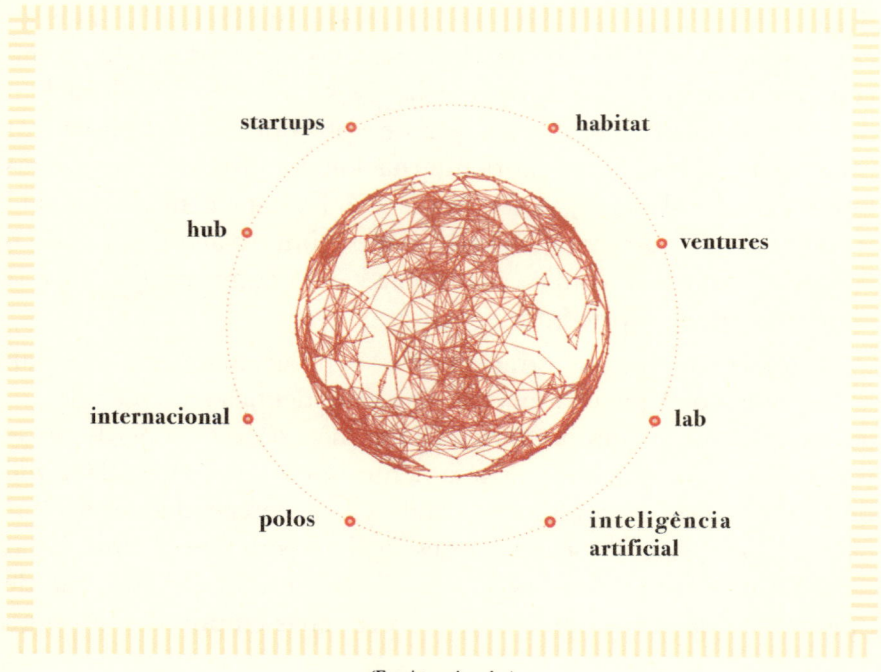

(Ecossistema inovabra)

INTEGRE CONHECIMENTOS E FORTALEÇA A CULTURA PARA A INOVAÇÃO

sorção de outras culturas, do aprendizado de novas tecnologias que eram conhecidas apenas nesses locais e, sobretudo, do tratamento dispensado a essas cidades ou núcleos de inovação. Ao mesmo tempo em que o império as incorporava, permitia-lhes individualidade, respeitava suas culturas, seus conhecimentos, as lições aprendidas e, em especial, as pessoas mais capazes nos diferentes ofícios: os melhores marceneiros, desenhistas, artesãos, construtores. Todos eram rapidamente identificados e respeitosamente incorporados às forças e à cultura de Roma antiga. No inovabra, por exemplo, as *startups* continuam com sua independência; podem fornecer para outras empresas e até mesmo para a concorrência.

O Bradesco e o inovabra seguem avançando depressa em sua estratégia de inovação. O habitat hoje exerce um papel fundamental de *locus* de conexão e as tecnologias e *startups* estão mais próximas do que nunca da grande corporação que promoveu todas essas mudanças.

IMPÉRIO DA INOVAÇÃO

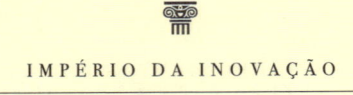

TENHA UMA ESTRATÉGIA CLARA PARA INOVAR

TENHA UMA ESTRATÉGIA
CLARA PARA INOVAR

Empresas verdadeiramente inovadoras, todas, sem exceção, elaboraram uma estratégia de inovação antes de partir para a ação. Não inovam por acaso, ou quando surgem as ideias, mas sim a partir de um esforço disciplinado, alinhado a um plano muito bem estabelecido anteriormente. Esse plano é a estratégia de inovação das empresas. Ela deriva de um planejamento que ocorre em um nível ainda mais alto, o da própria estratégia dessa mesma empresa; um direcionamento e escolhas que indicam onde se pretende estar em um horizonte de tempo que pode ser de cinco, dez ou até mesmo vinte anos. Há, portanto, uma hierarquia de estratégias: a corporativa e, sob ela, outra, decisiva para assegurar a competitividade: a estratégia de inovação.

Essa mesma hierarquia de estratégias estava presente na maior organização de todos os tempos: o Império Romano. Os romanos tinham um claríssimo objetivo de longo prazo: tornar-se o maior império do mundo. Para alcançá-lo, desenhavam estratégias de inovação tão avançadas para seu tempo que os inimigos mal tinham tempo de reagir a elas.

Muitas, claro, diziam respeito a táticas e armamentos de guerra. Estudiosos que desenvolviam novas armas recebiam generosos financiamentos dos governos romanos (da mesma forma, existem no Brasil – e em praticamente todos os países desenvolvidos do mundo – incentivos fiscais e linhas de fomento para a inovação). As máquinas de guerra dos legionários eram, em grande parte, derivadas daquelas usadas por outros povos, como os celtas e os gregos, porém modificadas e aperfeiçoadas com soluções muito inovadoras a fim de aumentar sua eficácia. O mesmo acontece em *upgrades* de inteiras linhas de produção, no caso da inovação de processos, ou mesmo em produtos que, depois de lançados, servem de base para melhorias e desenvolvimento para concorrentes. Exemplo disso foi a recente disputa entre Samsung e Apple, que acabou nos tribunais; em meados de 2018, a Samsung foi penalizada com uma multa de 539 milhões de dólares por ter "se inspirado" em recursos e elementos de *design* dos celulares da Apple.

De volta à Roma antiga, vale lembrar que os exércitos eram especialmente hábeis nas técnicas de cerco a posições inimigas; nelas, empregavam dois tipos de armas: as de penetração, herança da Magna Grécia, e as de arremesso. Ao primeiro grupo pertenciam a rampa de cerco, quase sempre construída com materiais encontrados no local do ataque, e a sambuca, uma estrutura de madeira semelhante a uma ponte levadiça que podia ser apoiada nas paredes das edificações. Ao segundo, a catapulta e o escorpião, uma engenhoca pequena, leve e facilmente transportável sobre um vagão ou nas torres dos navios, capaz de atingir alvos a até 400 metros de distância. Cada legião podia transportar até 55 escorpiões, que, posicionados em terrenos altos, tinham capacidade bélica para dizimar tropas adversárias; essa arma foi decisiva para a vitória de Júlio César contra os gauleses em Avarico, na Gália, em 52 a.C. No entanto, talvez o mais famoso artefato romano tenha sido o aríete, um tronco de madeira gigante pendurado a cordas e transportado sobre uma estrutura com rodas. O balanço desse

TENHA UMA ESTRATÉGIA
CLARA PARA INOVAR

mecanismo era empregado para derrubar ou abrir na pancada os pesados portões de cidades e castelos, permitindo a entrada das legiões. Os romanos também eram mestres nas táticas de efeito psicológico e surpresa, componentes-chave que poderiam ser mais bem usados na inovação em nossos dias. Levavam, por exemplo, animais para as batalhas, alguns nunca vistos antes, como elefantes, que amedrontavam o adversário. Nos campos de guerra, deslocavam armas de arremesso móveis, inovadoras e mortais, que espalharam destruição e terror entre os inimigos.

Contudo, inovação na antiga Roma (e também hoje em dia) não se resume a engenhocas e inovação tecnológica. A capacidade de usar recursos já conhecidos, porém de maneira diferenciada, também constitui um interessante campo para inovar. Uma das mais espetaculares estratégias de guerra dos romanos foi a marcha forçada de César, uma tática inovadora que permitiu a vitória em diversas batalhas, entre as quais justamente a de Avarico, contra os gauleses. Na Roma antiga, os exércitos despachavam mensageiros para calcular a distância, medida em dias de viagem, que os separava dos inimigos. De volta à sua base, esses mensageiros informavam que os exércitos estavam, digamos, a três dias dali. A marcha forçada de César consistia em percorrer o último trecho de uma jornada em ritmo acelerado, cobrindo em um dia e uma noite, sem parar, o trajeto que, em circunstâncias normais, levaria três dias. Na campanha contra o jovem rei Vercingetorix pelo domínio da Gália, também por volta do ano 50 a.C., há relatos de que César teria conduzido 20 mil legionários em uma marcha de ida e volta de 75 quilômetros em pouco mais de 27 horas! Claro que os soldados chegavam extenuados às posições inimigas, mas o fator surpresa era tão poderoso que permitia a eles dominar rapidamente cidades inteiras.

Outra tática derivada da estratégia de inovação dos romanos foi a criação de um serviço postal que funcionava com a máxima eficiência. Para a entrega de mensagens urgentes, por vezes decisivas para o desfecho de batalhas, os romanos utilizavam mensageiros que percorriam longas distâncias, dia e noite. Para tanto, contavam com um sistema que operava não apenas a serviço da máquina de guerra, mas também atendendo aos cidadãos comuns e, com o tempo, às agências de viagens e empresas privadas da época. Roma aprendeu os rudimentos do serviço postal com os persas e aperfeiçoou-o sob o império de Otaviano Augusto. Ao longo de todo o caminho viário, Augusto determinou a construção de estações de repouso com cavalos descansados e prontos para prosseguir viagem, substituindo animais que chegavam exauridos e garantindo agilidade na entrega das mensagens. Havia uma estação de correio a cada 18 ou vinte quilômetros, onde era possível trocar os cavalos, e *mansiones*, o equivalente aos hotéis de beira de estrada de hoje, no máximo a cada 85 quilômetros. Com o tempo, próximo às estações surgiram estabelecimentos onde era possível comprar suprimentos e contratar serviços de ferradores, serralheiros e até médicos. Essa estrutura extraordinária permitia um encaminhamento relativamente rápido das informações. Com os recursos de sua época, Roma criou e consolidou um sistema de mensagens ultrarrápidas que pode ser comparado à *internet* de hoje. No século XXI, mudou a tecnologia, mudou (brutalmente) a velocidade, mas a ideia de empregar estrategicamente a velocidade da comunicação para conquistar competividade é a mesma que, dois milênios atrás, mobilizou os romanos.

OS TRÊS PILARES

Por que tudo isso era inovador? Porque era algo que ninguém havia feito antes e que gerava valor, vantagem. Essas inovações davam a Roma uma diferenciação que, transposta para as organizações dos dias de hoje, representaria um cenário de relevante vantagem competitiva sobre a concorrência. Os romanos tinham práticas robustas para a criação dessas inovações – tanto as que se encaixavam facilmente como inovações tecnológicas quanto as que têm como foco as emoções que conectam produtos ou serviços a seus usuários – as chamadas inovações de significado, que se baseiam em emoções, não apenas em novas tecnologias. Um exemplo: ao invadir um povoado, com frequência a primeira coisa que faziam era cortar a cabeça do líder inimigo e exibi-la em praça pública para abalar a capacidade de resistência dos vencidos e facilitar a conquista. O significado da vitória estava estampado naquela cena e, muitas vezes, se sobrepunha a concretas vantagens competitivas que as populações invadidas eventualmente tivessem. Claro, destaquemos aqui que nos referimos a guerras em uma sociedade bruta e a uma realidade de mais de 2000 anos atrás.

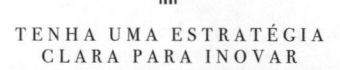

De volta às corporações e à arena empresarial competitiva de hoje, e entrando mais fundo no que se aplica ao planejamento da inovação em empresas inovadoras, os mini-impérios de hoje em dia, as estratégias de inovação dessas organizações combinam estas três principais dimensões: de mercado, tecnológica e de significado. Para cada uma delas há ferramentas adequadas que seguem úteis mesmo em tempos de mudanças exponenciais.

- Estratégia de inovação com base em posicionamento de mercado: corresponde ao mapeamento da concorrência sob a lente de sua capacidade, energia investida e efetividade obtida no campo da inovação. Em outras palavras, de seu potencial para inovar e do que ela de fato tem conseguido fazer de inovador. Essa coleta, compilação e análise crítica de informações é importante para planejar como um exército – ou uma empresa – poderá se destacar e meio à competição. Que tipo de armas usar, como se diferenciar, que posição competitiva ocupar no tabuleiro da inovação.

Foi o que fez recentemente a PagSeguro, braço do grupo *Folha de São Paulo*, ao lançar a máquina Moderninha. A PagSeguro mostrou ter uma clara estratégia de posicionamento de mercado com base em inovação ao esquadrinhar os concorrentes, sua atividade no campo da inovação e o que fazer para se diferenciar deles. Nessa investigação, o time da empresa compreendeu que havia uma concentração de mercado nas mãos de alguns poucos competidores e regras estabelecidas. Essas características de contexto abrem um campo fértil para inovar, e é disso que líderes inovadores gostam. O fundador do Nubank, o colombiano David Vélez, costuma abrir suas palestras dizendo que, antes de sua chegada, o Brasil tinha serviços bancários ruins e caros; ele não resistiu ao que chamou de "mar de oportunidades".

No segmento de meios de pagamento, duas grandes empresas alugavam suas máquinas para os lojistas, máquinas estas que consumiam bobinas de papel (mais um custo) e tinham um *design* acanhado, herança de uma época que ficavam escondidas nos caixas. Entre os usuários varejistas, havia o sonho de não ter que pagar aluguel. O senso de propriedade no Brasil é mais forte do que em muitos países nos quais a população não vê o menor problema em passar a vida inteira em imóveis alugados ou dirigindo carros que não lhe pertencem. Esses varejistas tinham ainda o desejo claro de migrar para o dinheiro de plástico por questões de praticidade e segurança. Pronto: espaço para inovar à vista. A PagSeguro, brilhantemente, criou um produto menor e mais bonito, apropriou-se de tecnologias já existentes para eliminar a necessidade de imprimir o recibo da transação (adeus, bobina) e ofereceu-o à venda a preços palatáveis aos comerciantes (adeus, aluguel). Como se não bastasse, ainda derrubou os custos de manutenção e deu à nova máquina o nome de Moderninha (num piscar de olhos, todas as demais ficaram "velhas"). Em janeiro de 2018, a Pag Seguro foi avaliada em cerca de 9 bilhões de dólares e transformou o CEO do negócio, Luís Frias, da família proprietária do jornal *Folha de São Paulo*, no mais novo bilionário brasileiro. A título de comparação, a Embraer valia em março de 2018, segundo a consultoria Economática, algo perto de 3,5 bilhões de dólares. Importante observar que a Pag Seguro não tem fábricas, aviões nem milhares de operários. Conta com uma estrutura superenxuta e, além disso, usou de modo inteligente uma série de tecnologias já conhecidas. O que a alavancou para esse estrondoso sucesso foi identificar com clareza uma oportunidade de posicionamento de mercado e, a partir dela, construir uma inovação capaz de cativar pequenos e médios comerciantes, que trabalham com margens muito apertadas. A combinação de visão de mercado e inovação produziu grande impacto e valorização do negócio.

Dentro das inovações de posicionamento, também é possível recorrer ao que chamamos de *inovação na recessão*, a criação de soluções frugais para atender a especificidades locais. É o caso do tanquinho, uma invenção brasileira do final dos anos 1990 direcionada ao público da base da pirâmide social; ele não se compara a uma máquina de lavar roupas com 12 programas de acordo com o tipo de tecido, porém é muito mais prático de que esfregar roupa em um tanque ou usar o balde. Esse tipo de inovação requer poucos investimentos e se materializa em produtos de baixo custo, mas entrega quesitos valiosos para os clientes. É mundialmente conhecida como inovação frugal ou Jugaad. O nome é o mesmo dado a um caminhão com chassis de madeira muito popular na Índia a cujo eixo é acoplado, diretamente, um motor estacionário, desses de bomba d´água. Não é exatamente uma inovação maravilhosa, mas usa recursos locais, é barata e acessível e, no fim das contas, resolve a necessidade do cliente.

FERRAMENTAS PARA CRIAR ESTRATÉGIA DE POSICIONAMENTO

No campo da inovação com base no contexto competitivo e de mercado, uma ferramenta que pode ajudar é a construção de *matrizes de posicionamento*, que indicam as coordenadas para cada concorrente e seu lugar comparativamente aos outros, no que se refere às arenas competitivas. Em outras palavras, a posição relativa de cada empresa na competição em termos de inovação. Quem é mais inovadora. Quais tipos de inovação realiza. Se são vistas como inovadoras e quanto. Olhando para as matrizes e, por meio desta comparação objetiva, é possível perceber um pouco das estratégias de inovação de cada competidor e como busca se diferenciar em termos de inovação. Recentemente, em um trabalho de estruturação da estratégia de inovação para uma grande companhia brasileira de seguros, elaboramos diversas matrizes de posicionamento em inovação. Realizamos sessões de trabalho envolvendo grupos de especialistas, clientes, corretores e outras partes interessadas e, a partir das discussões, plotamos nessas matrizes a posição de nosso cliente e a posição relativa das demais empresas. Foi possível identificar claramente, por meio do exercício, como cada competidor encarava o tema inovação. Também pudemos estabelecer com quem deveríamos nos preocupar, quem seria referência e que posição esperávamos atingir uma vez implantada a estratégia de inovação na qual estávamos trabalhando. Conseguimos ainda analisar mais a fundo alguns dos concorrentes e avaliá-los comparativa e objetivamente. Chegamos a conclusões importantes sobre o quanto a empresa deveria inovar, em que profundidade e abrangência, bem como sobre a melhor forma de trabalhar a sua imagem de inovadora. Estabelecemos também o que seria feito para que, no prazo de três anos, nosso cliente estivesse posicionado à frente da competidora que aparecia como a mais inovadora.

As matrizes mostraram que a empresa que nos contratou tinha indiscutivelmente inovado de modo significativo, seja no conteúdo das inovações que lançava, seja no grande volume e frequência delas. Faltava-lhe, no entanto, fortalecer a percepção dos clientes em relação a essas inovações. Sua imagem de empresa inovadora não era nem de longe comparável à de alguns concorrentes. Sendo assim, a estratégia de inovação a ser desenvolvida deveria considerar fortemente a dimensão da comunicação: evidenciar no mercado as inovações que fazia e como isso representaria valor para os clientes. É comum, aliás, que as empresas inovem e achem que o cliente tem que se virar para descobrir a inovação e aprender a usá-la. Erro grave. Nas discussões ao

TENHA UMA ESTRATÉGIA
CLARA PARA INOVAR

longo da construção das matrizes, constatamos também que algumas boas inovações não prosperavam. Graças a isso, conseguimos identificar os principais motivos e abrir planos de ação para corrigi-los. Assim, além da produção das matrizes em si, foram gerados subprodutos tão ou mais importantes do que o primeiro: as discussões em torno da inovação, o consenso e os planos de ação para acelerá-la e robustecê-la. Um verdadeiro plano estratégico da inovação.

As matrizes, portanto, são importantes porque evidenciam o posicionamento relativo de determinada empresa e, ao mesmo tempo, apontam os caminhos a ser seguidos. Por exemplo: precisamos comunicar melhor ao público as inovações que estamos realizando; nossa baixa avaliação no quesito "parecer inovador" denota isso. Ou: precisamos fazer inovações em maior volume, lançar mais serviços ou produtos inovadores. Ou então inovações mais radicais, com mudanças mais profundas no que vendemos e assim por diante. Por meio desse conjunto de planos de ação e projetos, capazes de levar a empresa a obter uma posição mais favorável em uma próxima avaliação, damos corpo à estratégia de inovação, como se vê na imagem a seguir:

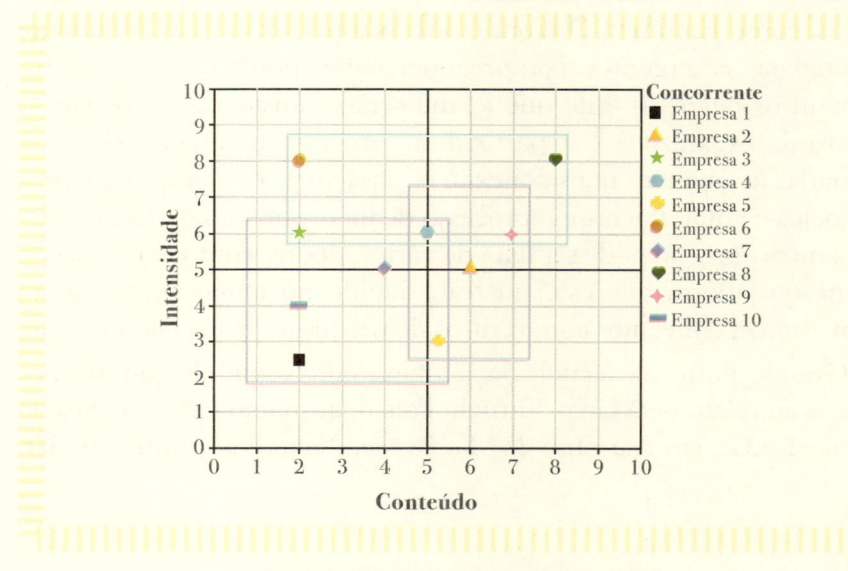

Matriz de posicionamento competitivo combinando vários atributos

61

Olhando para a matriz acima, que conjuga conteúdo (grau de radicalidade das inovações) com intensidade (número de lançamentos em um determinado período), é possível perceber que os competidores posicionados no quadrante superior direito são as empresas a ser seguidas. A partir do posicionamento da empresa para a qual está se estabelecendo a estratégia de inovação, é possível determinar quais serão os próximos movimentos a ser realizados para que ela se desloque nos eixos vertical e horizontal e assuma uma posição realmente competitiva. Pode-se até mesmo estabelecer o movimento por meio da diferença de coordenadas, por exemplo: definimos que sairemos da posição (2,8), nota 2 no eixo horizontal e 8 no vertical, para a posição (6,8) em três anos. Sempre buscando metas atingíveis e realistas.

- **Estratégia de inovação tecnológica:** consiste em identificar quais avanços tecnológicos poderão impulsionar a inovação dentro do negócio. Uma vez selecionadas essas tecnologias-chave, deve existir nas empresas um processo para incorporá-las aos produtos e processos e assegurar assim a criação contínua de inovações tecnológicas de qualidade. Os romanos já faziam o que hoje fazem empresas vencedoras, como Embraer, DuPont e 3M: prospectar permanentemente tecnologias emergentes, compreender como podem ser, como impactam os negócios e de que forma serão transformadoras para o futuro da organização. A partir deste processo de análise são selecionadas as que têm mais conexão e impacto para a empresa e seus negócios e então inicia-se o processo de incorporação da tecnologia. Esta incorporação pode ser feita de vários modos, como: contratação de pesquisadores que estejam trabalhando no tema, engajamento com *startups*, convênios com centros de pesquisa e universidades, etc.

Grande parte da tecnologia adotada em Roma chegou até nós graças ao relato de Marco Vitrúvio Polião, arquiteto e engenheiro do século I a.C., em sua obra *De Architectura*. Nela, entre outros temas,

TENHA UMA ESTRATÉGIA
CLARA PARA INOVAR

ilustra os princípios e os critérios para a construção e operação de máquinas para vários usos: rodas d'água, polias compostas, guindastes e os moinhos d'água, amplamente utilizados no mundo romano. Nesse panteão de inovações, o moinho d'água ocupa um lugar de destaque. Com essa fantástica (para a época) máquina pode-se tranquilamente dizer que a inovação explodiu. Imaginemos o impacto de uma tecnologia que permitiu substituir a força muscular pela força motriz da água, fazendo girar os moinhos e poupando assim homens e animais. Vestígios arqueológicos desses mecanismos foram encontrados em pelo menos 40 locais, especialmente na Grã-Bretanha e na França. Na atual cidade francesa de Arles foi descoberto um moinho de água que teria sido capaz de moer grãos e produzir farinha para 80.000 pessoas.

Os antigos romanos foram os verdadeiros gênios da arquitetura. Aliaram sua característica capacidade de inovar e espírito inovador a uma racionalidade e disciplina férreas. Produziram incessantemente inovação efetiva e de resultados. Seus segredos tecnológicos permitiram a criação de soluções e inovações muito à frente de seu tempo, como o concreto romano e a introdução das estruturas em arcos – essas últimas capazes de suportar cargas impensáveis à época. A partir disso, e com o uso de polias, guindastes e outros dispositivos sofisticados especialmente criados para a construção, tudo tornou-se até certo ponto possível, desde pontes a majestosos teatros, e até mesmo prédios cada vez mais futuristas. Que sensação de poderio, de orgulho por ter chegado onde se chegou com soluções inovadoras! Muitas vezes também nos sentimos assim, como os romanos. Essa ideia de que nada mais nos é impossível, apregoada hoje em especial pela Singularity University, de que a inteligência artificial e os robôs serão capazes de transformar o mundo eliminando dele os grandes problemas, foi certamente sentida séculos antes pelos artífices do velho império.

Mas esses são apenas alguns exemplos das prodigiosas invenções tecnológicas que serviram de base para que o Império Romano se desenvolvesse. Poderíamos mencionar ainda as imagens cartográficas, as máquinas para a acelerar e ampliar a exploração dos recursos ambientais, como as energias hidráulica, eólica e animal, os aquedutos e os esgotos, o alfabeto luminoso, para se comunicar por meio de sinais de fogo entre as torres, o hospital de campo, uma incrível infraestrutura montada no acampamento para cuidar dos feridos, que incluía especialistas de saúde, equipamentos, medicamentos e tudo o que poderia haver em um "hospital" de vanguarda para a época, o arado com rodas, a plataforma rotativa e mesmo o sistema *ante litteram* de "*project finance*", ou seja, o financiamento de obras públicas por meio de parceiros privados em troca de anuidades. Exemplos como esses denotam a força da inovação de todo o tipo e em todos os sentidos entre os romanos, algo muito parecido com o que vivenciamos hoje em dia.

FERRAMENTAS PARA CRIAR UMA ESTRATÉGIA TECNOLÓGICA

Passados mais de 2000 anos, continuamos aperfeiçoando os métodos e as ferramentas para fazer inovação. Uma delas é o *roadmap tecnológico*. Nesse instrumento reúne-se o conhecimento acerca do que está acontecendo em várias dimensões e, assim, cria-se a possibilidade para uma prospecção melhor e mais eficaz das tecnologias do futuro. É um conhecimento que pode ser gerado com a participação de especialistas que exercitam hipóteses de futuro com base em suas experiências e *backgrounds*. Em um só painel resumem-se análises das mudanças no ambiente (por exemplo, mais acesso à informação, mais gente conectada, políticas de protecionismo aos comércios), seus efeitos sobre a sociedade e os indivíduos e, a partir disso, propõem-se perguntas-chave para preencher novas e sucessivas camadas do mapa. Que produtos e serviços podem ser criados para atender às expectativas dos novos clientes nesse novo ambiente, e assim por diante, até chegar às tecnologias necessárias para cobrir essas demandas.

Foi por meio de um exercício dessa natureza que um de nossos clientes, a Universal, uma tradicional fiação do interior de São Paulo, decidiu, com base em tendências identificadas, mesclar a tradicionais fios de algodão partículas de nitrato de prata, um forte bactericida. Esses fios, empregados em tecidos destinados à confecção de roupas profissionais para médicos e enfermeiros, podem reduzir a incidência de infecções hospitalares, uma das mais preocupantes e desafiadoras ameaças aos grandes hospitais e centros de excelência em saúde dos nossos dias.

No mundo empresarial da atualidade, não faltam exemplos de tecnologias que potencializam o surgimento de novos produtos, famílias de produtos e soluções. A inovação com base na tecnologia confere às empresas que a realizam fortes vantagens competitivas e diferenciação. Monitorar, portanto, o tempo todo, quais são as tecnologias emergentes e como elas podem impactar os negócios de sua empresa é questão de sobrevivência. Existem várias maneiras e metodologias para assegurar essa prospecção contínua. Além dos *roadmaps tecnológicos* citados anteriormente, pode-se também fazer investigações e acompanhamento periódico em bancos de patentes mundiais com foco nas tecnologias de interesse e com o objetivo de identificar aquelas nas quais o número de patentes depositadas no mundo venha crescendo. Assim é possível manter-se atento às tecnologias que estão emergindo e, entre elas, quais merecem mais investimentos e esforços de desenvolvimento.

- **Estratégia de inovação por meio da criação de significado**: essa terceira componente de uma estratégia de inovação considera que é possível atribuir outros simbolismos a produtos e serviços cujos conceitos estejam cristalizados, projetando novas emoções que conectem os consumidores a eles. Trata-se de uma inovação que, em grande parte das vezes, pede investimentos menores e tem resultados de alta potência. Um segmento no qual vimos casos de grande sucesso no campo das inovações de significado é o aluguel de automóveis. Atualmente, a maior locadora de carros do mundo é a americana Enterprise, que se posiciona como uma provedora de "soluções globais de transporte". A Enterprise optou por não ter as caríssimas lojas em aeroportos, preferindo manter bolsões de estacionamento na periferia. Ela leva o carro até o cliente, que pode utilizá-lo por períodos pequenos do dia ou por temporadas. Seu foco não é o viajante de negócios ou o turista estressado nos aeroportos, mas qualquer pessoa com qualquer necessidade de transporte – do viajante de fim de semana ao proprietário que se envolveu em uma colisão e precisa de outro veículo por um tempo breve. No Brasil, outra locadora, a Movida, enxergou espaço para uma experiência de locação que pudesse ser mais agradável e significativa. Equipou seus carros com *wi-fi* e entrada para cabos *USB*, comprou uma frota colorida, em contraponto à monotonia do padrão preto-branco-prata da concorrência, e ofereceu a locação *carbon-free*, em que se propõe a neutralizar as emissões de CO_2 geradas durante o aluguel. Além disso, desburocratizou o processo de alugar o veículo, que ficou mais simples e rápido. Graças a isso, seu faturamento saltou de 100 milhões de reais em 2012, um ano antes de ser adquirida pelo grupo JSL, para 2,6 bilhões de reais em 2017.

FERRAMENTAS PARA ELABORAR ESTRATÉGIAS COM BASE NO SIGNIFICADO

Existem ferramentas e metodologias também para encontrar significados diferentes que apaixonem os consumidores. O professor Roberto Verganti, criador do revolucionário conceito de inovação guiada pelo *design* e das metodologias para obtê-la, nos indica como poderosas ferramentas as discussões significativas de *design* e a interação com grupos de intérpretes. Explicando em poucas palavras, teríamos a interação direta de profissionais internos das empresas com grupos de pessoas sensíveis e antenadas (os tais intérpretes), capazes de validar ou não novos significados para os produtos e serviços. Esse processo de validação e desenvolvimento se dá em ciclos sucessivos, uma vez que a cada interação podem surgir novos e impactantes significados.

Os significados estão diretamente conectados às emoções em jogo na hora da compra e utilização do produto ou serviço. Em outras palavras, na experiência do consumidor. É esse o ponto de partida para a inovação.

Em geral, uma estratégia de inovação bem-sucedida combina essas três dimensões de atuação. Para cada uma delas há ferramentas adequadas que seguem úteis mesmo em tempos de mudanças exponenciais.

AS ESTRATÉGIAS DE INOVAÇÃO DOS ROMANOS

Os romanos eram senhores absolutos nos três pilares da estratégia de inovação. Seus generais tinham redes espantosas de informantes (*business intelligence*) e monitoravam o tempo todo seus inimigos, os povoados estratégicos a serem incorporados ao império e sua posição relativa no contexto competitivo. Sabiam onde estavam e como movimentar-se para competir. Ao mesmo tempo, sempre conseguiam descobrir quem estava trabalhando em novas soluções e tecnologias e quais poderiam ser as mais transformadoras. Recrutavam e contratavam a peso de ouro muitas dessas pessoas. Valorizavam símbolos e cultos carregados de significados, como o próprio uniforme dos soldados romanos. Graças a tudo isso, atuavam sempre estrategicamente e conseguiam se posicionar em vantagem competitiva diante da concorrência.

No quesito significado, por exemplo, muitas vezes incentivavam condutas simples, mas de forte simbolismo – para eles próprios e para seus adversários. Os soldados romanos, por exemplo, barbeavam-se todos os dias com espadas ou facas, precursoras das navalhas que conhecemos hoje. Foram os primeiros a fazer questão disso e só abandonaram esse hábito na época imperial, sob a influência de imperadores que deixavam crescer a barba, como Adriano. César chegou a dizer que seus soldados eram perfumados, o que não impedia que lutassem magnificamente. Além disso, vestiam-se de maneira impecável (a proverbial elegância italiana vem dos exércitos antigos), com belíssimos trajes que combinavam detalhes em dourado e vermelho, enfeites de couro e requintes de alta costura, mesmo que fosse para combater em um campo enlameado. Chegavam elegantíssimos, com a autoestima nas nuvens, intimidando os exércitos inimigos por sua maneira de se apresentar.

Qualquer empresa pode construir uma estratégia de inovação, sempre a serviço da estratégia corporativa, levando em conta esses três pilares e as melhores ferramentas de acesso a cada um deles. Estratégia, sempre é bom lembrar, pode ser traduzida como a distância entre uma visão desejada (ser os donos do mundo, no caso dos romanos) e a realidade (por enquanto temos apenas 10% dos territórios que desejamos). Sob ela, um conjunto consistente de estratégias de inovação, distribuídas entre os três pilares, fará com que a organização caminhe para o alcance da estratégia maior.

TENHA UMA ESTRATÉGIA CLARA PARA INOVAR

A estratégia de inovação da CorpFlex

A probabilidade de uma organização ser consistentemente inovadora sem ter uma estratégia de inovação definida é a mesma de alguém chegar a um destino se estiver à deriva no mar, sem uma bússola ou norte planejado: zero. Nas escolas, venderam-nos a falsa ideia de que poderia cair uma maçã sobre nossa cabeça, como teria acontecido com Newton, e pronto: descobriríamos a lei da gravidade. Não nos contam os anos de pesquisa e os profundos estudos que antecederam o episódio e permitiram a epifania. O mesmo ocorre no campo empresarial. Pode-se considerar que existem três tipos de empresários: aqueles que não enxergam os movimentos de seu mercado e, portanto, caminham para a estagnação; aqueles que enxergam e nada fazem, esperando que o acaso dê conta de lhes garantir o sucesso; e aqueles que enxergam as tendências e preparam uma estratégia para capturar as oportunidades da mudança do setor. João Alfredo Pimentel, sócio-fundador e presidente do Conselho Administrativo da CorpFlex, pertence ao terceiro time. O próprio nome de sua empresa, CorpFlex, evoca a ideia de "corporação flexível", o que toda organização inovadora, em tese, deveria ser.

No caso da Corpflex, adaptabilidade era uma questão de vida ou morte para o negócio. Afinal, desde sua fundação, já lidava com tecnologia de ponta e inovação.

No início dos anos 1990, era comum que as empresas rodassem seus sistemas de informação em *mainframes*, computadores de grande porte que exigiam grandes investimentos em compra de equipamentos e manutenção. O advento das redes locais de microcomputadores, as redes LAN, trouxe agilidade e redução de custos, impelindo as companhias a abandonar os *mainframes* e aderir a redes locais.

Formado em engenharia elétrica, com ênfase em eletrônica e especialização em micro-ondas para transmissão de dados, João Alfredo Pimentel acompanhava atentamente os movimentos desse mercado e tinha um propósito, que era criar uma disruptura em seu setor.

Em 1992, ele criou a NetMicro, uma integradora de soluções, para atender à nova demanda por redes locais – o embrião da CorpFlex de hoje; mesmo naquela época, já era uma empresa muito focada em compreender o que o mercado poderia desejar e movimentar-se na direção identificada antes dos concorrentes e das empresas maiores. Buscava e aplicava tecnologia de ponta, antecipando-se aos competidores e adotando a flexibilidade como mote. As escolhas foram acertadas, o negócio cresceu rápido e, oito anos depois, João Alfredo novamente revisou sua estratégia com base nos pilares tecnologia e posição em relação a concorrentes. Com o tempo, a NetMicro passou a oferecer também serviços de gestão de telecom e segurança da informação.

A empresa ia bem, mas seu fundador já percebia uma mudança nos ventos tecnológicos. Começou, ainda de maneira incipiente, a entregar ambientes de tecnologia como serviço remotamente no modelo *ASP (Application Service Provider)*, iniciando o modelo cloud *computing*, ou seja, armazenamento de dados fora das empresas, em locais seguros e acessíveis. Com o desenvolvimento desses sistemas, ficou claro que qualquer empreendimento muito em breve teria duas opções: comprar tecnologia para utilizar internamente ou contratar um serviço para armazenar e rodar seus sistemas gerenciais em uma nuvem.

A NetMicro oferecia a primeira opção, e como tal era um empreendimento de sucesso, mas não o seria por muito tempo. Advém, então, mais um ciclo de revisão estratégica com foco em tecnologia, competidores e significado e, em 2004, o corajoso movimento de criar outro negócio, totalmente novo – agora sim a CorpFlex – para atender a essa demanda. A estratégia decodificada para discurso de vendas era música para os ouvidos dos clientes: eles não precisariam

TENHA UMA ESTRATÉGIA
CLARA PARA INOVAR

mais imobilizar ativos de tecnologia, comprometendo seu capital, nem se endividar para adquirir máquinas, servidores e *softwares* que rapidamente se tornavam obsoletos. Por uma fração desse investimento, poderiam contratar os serviços da CorpFlex com pagamentos mensais recorrentes e ter acesso rápido, fácil e seguro a toda a infraestrutura de *cloud* e sistemas sobre seu negócio, que ficariam armazenados em um ambiente remoto.

Havia, porém, dois problemas.

O primeiro: se a NetMicro oferecia gerenciamento interno de redes e a CorpFlex vendia serviços de armazenamento de dados em nuvem, estava claro que João Alfredo tinha sob seu comando dois negócios antagônicos e produtos que se sobrepunham. A decisão estratégica, nesse caso, foi promover o que chamou de "destruição criativa" gradual da NetMicro, que tinha receitas pontuais de integração, porém perdia terreno para o negócio mais disruptivo, o qual passara a contar com receita mensal recorrente graças a contratos firmes de até cinco anos. Durante quatro anos, as duas companhias chegaram a caminhar em paralelo, ambas com bons resultados. Porém, o faturamento da CorpFlex crescia a um ritmo mais acelerado do que o da NetMicro, ano a ano. Veio então uma nova decisão estratégica: em 2008, os dois negócios se uniram sob a denominação CorpFlex S/A, marcando o início de uma jornada de evolução da governança corporativa da empresa e foco ainda mais amplo na gestão.

O segundo problema era uma consequência direta e muito comum nas empresas inovadoras: as naturais barreiras diante do ineditismo no mundo dos negócios. Em meados dos anos 2000, quando apresentava sua proposta a possíveis clientes, João Alfredo era acolhido com entusiasmo (pelos benefícios e pela redução de custos que propunha), mas também com desconfiança. E se o *link* cair?, perguntavam-lhe. E a segurança dos dados? A essas inquietações o empresário respondia apresentando soluções de conectividade mais eficientes e seguras que as operadoras de telecom e pedindo um voto de confiança, reafirmando sua capacidade de entregar as melhores soluções. Havia, porém, outras perguntas mais difíceis de responder, como, por exemplo, quem mais oferecia aquele serviço no Brasil. "Só assim o departamento de compras poderá fazer outras cotações", diziam a João. Por ser pioneira em um segmento de negócios que envolve tecnologias avançadas, a CorpFlex precisou vencer muitas resistências e inseguranças de seus clientes. João Alfredo buscou novos canais indiretos de venda e estabeleceu alianças comerciais e estratégicas com as fabricantes de *softwares* e todos os seus canais de distribuição; assim conseguiria hospedar as soluções na CorpFlex entregando o formato SaaS (software como serviço). A ideia era evangelizar definitivamente o modelo no Brasil. Aos poucos, os primeiros *cases* de sucesso pavimentaram o caminho para outros. Ficou cada vez mais evidente que entregar a gestão de seus sistemas a uma empresa especializada em ambientes remotos abria aos clientes possibilidades renovadas de canalizar esforços para a atividade central de cada um, sem se preocupar com tecnologia.

Porém, sabemos que não basta ser inovador; é preciso assegurar resultados para seguir investindo em novas frentes. Entre 2005 e 2009, a CorpFlex seguiu aperfeiçoando seus processos de gestão e ajustando aspectos empresariais que ainda pediam melhorias. Em 2010 tornou-se referência em governança corporativa pela Fundação Dom Cabral. Movimento mais ousado veio em 2015, quando a empresa foi ao mercado de capitais buscar investidores para acelerar seu crescimento. A entrada do fundo 2bCapital trouxe uma chancela independente para a já reconhecida governança da companhia.

A CorpFlex fechou 2018 com uma carteira de cerca de 500 contratos, entre os quais a rede Aramis, Della Via Pneus, Femsa Logística, Nokia, Gafor, Crefisa, Burger King e Método Engenharia, com a melhor margem de Ebitda do setor. Com a chegada de grandes

TENHA UMA ESTRATÉGIA CLARA PARA INOVAR

players globais ofertando nuvens públicas, entre os quais Amazon, Google e Microsoft, a CorpFlex lançou a solução UltraCloud de gerenciamento de *cloud* híbrida. Nesse modelo, algumas aplicações continuam dentro do cliente, outras migram para a CorpFlex e outras ainda vão para as nuvens públicas, sempre buscando a melhor solução para cada cliente. A gestão total dos ambientes em *cloud* híbrida e a segurança da informação ficam a cargo da CorpFlex.

Empresas de tecnologia, como já afirmamos, vivem processos de mudança muito mais rápidos e intensos do que aqueles que se verificam em outros segmentos. Ao construir uma estratégia de inovação que teve como base as novas tecnologias, a antecipação dos movimentos no setor e um claro significado de empresa flexível que provê soluções e endereça de modo certeiro as dores de seus clientes, a CorpFlex tornou-se um grande *player* e referência no segmento de nuvem privativa e gerenciamento de nuvem híbrida no Brasil. Graças a essa estratégia sagrou-se ator principal no segmento, pioneiro e protagonista da inovação do setor.

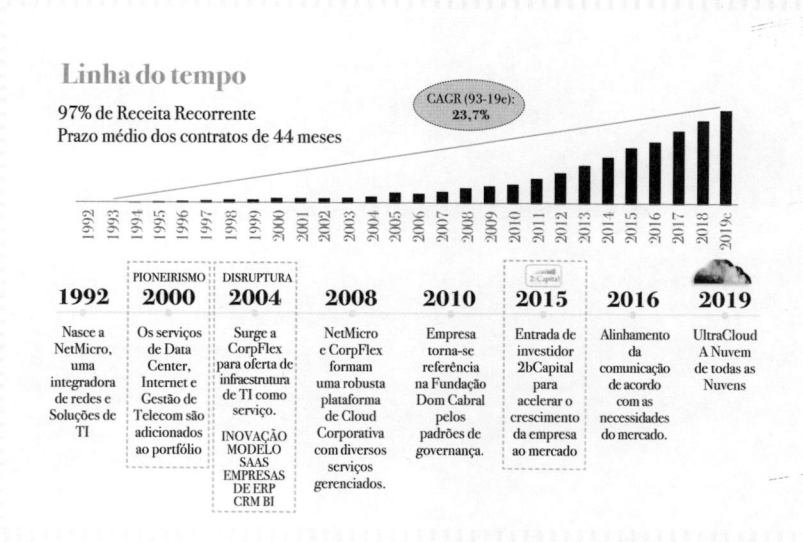

Linha do tempo

97% de Receita Recorrente
Prazo médio dos contratos de 44 meses

CAGR (93-19e): 23,7%

1992	PIONEIRISMO 2000	DISRUPTURA 2004	2008	2010	2015	2016	2019
Nasce a NetMicro, uma integradora de redes e Soluções de TI	Os serviços de Data Center, Internet e Gestão de Telecom são adicionados ao portfólio	Surge a CorpFlex para oferta de infraestrutura de TI como serviço. INOVAÇÃO MODELO SAAS EMPRESAS DE ERP CRM BI	NetMicro e CorpFlex formam uma robusta plataforma de Cloud Corporativa com diversos serviços gerenciados.	Empresa torna-se referência na Fundação Dom Cabral pelos padrões de governança.	Entrada de investidor 2bCapital para acelerar o crescimento da empresa ao mercado	Alinhamento da comunicação de acordo com as necessidades do mercado.	UltraCloud A Nuvem de todas as Nuvens

Eis o que diz João Alfredo sobre a evolução de seu negócio: *"Entender a necessidade do cliente e estruturar uma estratégia de inovação clara e integral são condições essenciais para inovar. Também é importante inovar não só em serviços e produtos, mas buscar sem trégua modelos de negócio diferenciados e inovadores: como entregar algo mais simples, mais prático, mais barato e mais funcional. São esses os componentes que impulsionam a minha estratégia de inovação.*

Devemos procurar incessantemente novas formas de olhar as mudanças em nosso setor. Eu mesmo já fiz várias transformações no meu negócio. Para mim, estratégia é escolha. Em 2004, escolhi criar um modelo diferenciado em relação ao que existia no mercado e trazer uma inovação disruptiva, mesmo sabendo que essa inovação mataria o negócio que eu tinha até aquele momento – e que ia muito bem! Escolhemos alguns nichos no mercado B2B, em setores como educação, varejo, logística, indústria, serviços e agrobusiness, entre outros, e decidimos ser reconhecidos como inovadores neles."

IMPÉRIO DA INOVAÇÃO

FORTALEÇA O SENSO DE PERTENCIMENTO

FORTALEÇA O SENSO DE PERTENCIMENTO

A que times e grupos você pertence? O que move as pessoas a buscar a superação de seus limites? A guerrear, correr riscos, às vezes de morte? Há muito em comum entre líderes de inovação, revolucionários e pioneiros. O que os faz avançar é, muitas vezes, é a percepção de que se pode mudar o mundo e passar para a história. Outras vezes é o patriotismo, o amor a uma causa, o propósito. Porém, ainda mais direto e forte é o senso de equipe, de ser parte vital de um grupo. O senso de pertencimento. Na polícia o BOPE, no esporte os clubes, nas organizações os times de inovadores, em Roma o exército; esses grupos têm em comum a força e a coragem interior derivadas do espírito de equipe, componente bastante cobiçado pelas empresas hoje em dia.

É impressionante, por exemplo, assistir a uma discussão entre apaixonados por futebol. Elas defendem seus times e pontos de vista acima de qualquer critério e referem-se aos times com o pronome "nós": "Tivemos uma boa atuação, vencemos um adversário duro". Quando torcedores de times oponentes se encontram, dizem um ao outro: "Vou enfrentar você no final de semana", como se, de verdade, fossem eles a duelar e não os times com os quais simpatizam.

De onde vem esse senso de pertencimento? O que faz essas pessoas se sentirem integrantes de seus times sem nunca ter sequer chegado perto dos jogadores ou do campo? Talvez o ingrediente mais fortemente aglutinador seja a existência de um claro objetivo comum: vencer. No caso do futebol, por exemplo, colocar a bola na rede do oponente. O hino do clube, a bandeira, as flâmulas, o uniforme, os rituais são elementos que reforçam a convergência para o objetivo compartilhado. Surge, a partir disso, um alinhamento poderoso em torno da crença de que seu time é o melhor time. É o que mais merece vencer. Por essa causa o torcedor está pronto a lutar. Cada integrante da equipe é invadido por um senso de prontidão que, por sua vez, transforma-se em energia, em força e em capacidade de realização.

O mesmo senso de pertencimento e de equipe existe em maior ou menor proporção nas empresas quando se trata de inovar. De surpreender a todos, e em especial aos concorrentes, com novos e inesperados produtos, serviços ou soluções que apaixonem. É importante notar que o engajamento mais genuíno e autêntico é o que surge entre as pessoas que se sentem pertencentes a uma mesma equipe. Ele reforça outro essencial fator crítico de sucesso para a inovação, que é o trabalho conjunto, a sinergia e a polinização das ideias por meio das múltiplas contribuições. O senso de pertencimento pode ter como ponto de convergência o fazer parte de uma empresa, direcionar-se a um propósito, a um projeto; porém, o mais robusto e poderoso sentimento em termos de capacidade de inovar é este: fazer parte de um time vencedor.

Essa mesma energia e força existia vibrando em altíssima frequência no exército romano.

Não é preciso ser um estrategista para compreender que a vitória em uma guerra exige grandes recursos: armas e armaduras, navios de apoio, instalações, suprimentos e, acima de tudo, muito capital. Afinal, com o dinheiro pode-se comprar inclusive soldados mercenários profissionais. No entanto, como escreveu o historiador americano Barry Strauss, *"dinheiro não pode comprar o espírito de equipe. Não é possível comprar uma força armada, composta de infantarias leve e pesada, cavalaria e engenheiros, treinada para lutar como um todo orgânico, ligada ao seu comandante. Isso é algo que temos de ser capazes de criar".*

Os romanos sabiam que o espírito de equipe não tem nada a ver com a simples participação em uma associação ou um clube exclusivo. É muito mais: abarca envolvimento emocional e implica um relacionamento de afeição e até de paixão. Não é um fato racional e controlável, e sim uma condição psicológica espontânea que influencia positivamente os indivíduos e os estimula a realizar seu trabalho com determinação e profissionalismo, em busca de um objetivo comum.

No que se refere ao trabalho tradicional, a energia humana, sob a forma de resistência e a força física, historicamente fez diferença. Aos poucos, porém, com a evolução do trabalho e dos meios de produção, a capacidade intelectual passou a ser fator-chave de produtividade. Em nosso tempo, na era da inovação, as capacidades física e mental foram superadas pela *capacidade emocional*. Mais do que corpo e mente, a emoção é condição necessária para fazer a inovação que apaixona. Precisaremos de alma, inspiração, capacidade empática, sensibilidade. Ora, se dependemos cada vez mais da inspiração para ter sucesso, é claro que componentes que impactam o emocional, como o senso de pertencimento, passam a jogar um papel decisivo.

Mesmo em se tratando de emoção, inspiração e temas aparentemente avessos à implantação de métodos, para criar um robusto senso de pertencimento é necessário haver um processo. Referimo-nos à adoção de procedimentos que ajudem cada pessoa de uma equipe a realizar a tarefa que lhe coube, com corpo, mente e alma. Três fatores são cruciais para proporcionar o senso de pertencimento:

1. **Capacitação individual constante e robusta.** Ninguém pode ser engajado se, em primeiro lugar, não estiver convencido das próprias habilidades e da contribuição que pode dar à equipe. O treinamento levará cada membro do grupo a descobrir seus limites e superá-los progressivamente, obtendo assim saltos de qualidade. Se cada um der um salto qualitativo e aprimorar seu desempenho, o resultado global final não será a mesma equipe levemente melhorada, mas uma equipe diferente, de qualidade superior, resultado da somatória da contribuição qualitativa de todos os indivíduos;
2. **Disciplina.** Para uma equipe, esse fator é ainda mais importante do que para as próprias pessoas individualmente, porque não existe apenas o processo de aprendizado e aperfeiçoamento pessoal, mas também a correta implantação de esquemas táticos e de uma estratégia. A equipe é como uma orquestra: se um músico sai do ritmo, o desempenho geral do grupo é afetado negativamente;
3. **Motivação.** Hoje, não há nenhuma organização desatenta à necessidade de assegurar o tempo todo a alta motivação e a satisfação dos seus colaboradores. Esse era um imperativo na época dos romanos e, para que ocorresse, os comandantes desempenhavam um papel fundamental. Caio Júlio César, por exemplo, chamava os soldados de *commilitones* (palavra latina que significa "aqueles que lutam com ele") e cuidava para que todos os homens fossem adequadamente remunerados com doações e promoções atraentes, de acordo com o mérito individual. Chegou a pedir dinheiro emprestado para recompensar os soldados mais valorosos. César, cumpre lembrar, vinha de uma família aristocrática, de tradição gloriosa, mas não era rico. Para atingir seus objetivos, muitas vezes precisou recorrer a empréstimos vultosos – Crasso, o homem mais rico de Roma em sua época, foi, provavelmente, seu maior credor. Além disso, fornecia aos soldados excelentes armas, às vezes decoradas com ouro ou prata, para que se sentissem prestigiados, se empenhassem ainda mais e não as perdessem em batalha. Ele

exigia muito de seus homens e, consciente de que o exemplo arrasta muito mais do que uma centena de discursos, participava dos mesmos exercícios extenuantes a que os submetia; muitas vezes, tomava a frente, estimulando-os e compartilhando com eles as dificuldades durante as campanhas militares. Fazia-se presente entre as tropas tanto no campo quanto no calor da batalha, onde incitava seus legionários a lutar. Mais de uma vez, em situações críticas, arriscou a vida lançando-se ao ataque nas linhas de frente. Foi mestre em premiar e em punir: em geral, fechava os olhos às infrações menos graves, especialmente em períodos de descanso entre batalhas, mas era implacável com os covardes e os desertores durante as operações de guerra. Júlio César também criou um *cursus honorum* (plano de carreira) para a função de centurião, que se baseava unicamente nos méritos individuais: como recompensa, os legionários que se destacavam por determinados gestos de heroísmo eram promovidos aos escalões mais elevados, até chegar, se merecessem, ao cobiçado cargo de *primus pilus* de legião (primeiro centurião, a posição mais alta, que dava acesso às reuniões em que se decidiam as táticas a ser adotadas em batalha). Também poderia acontecer que um *primus pilus* fosse promovido à carga de *tribunum militum*, entre os oficiais mais altos no posto da legião, depois do cônsul. Mesmo os militares de origem humilde podiam, apenas por seus méritos, ascender no exército. Essas condições foram muito importantes para incentivar e aumentar o profissionalismo das tropas, reduzindo a discriminação entre oficiais e suboficiais e fortalecendo o espírito de equipe.

O SIMBOLISMO DA ÁGUIA

No exército romano, as longas campanhas militares, a luta lado a lado contra os inimigos, o enfrentamento de longas marchas e perigos juntos, a montagem dos acampamentos e das suas proteções (paliçadas de defesa) em tempo recorde, a construção de pontes e máquinas de guerra e o buscar juntos comida e água favoreciam a camaradagem e a solidariedade entre soldados pertencentes à mesma unidade e propiciavam a criação de um forte espírito de equipe. Esse processo foi acentuado e acelerado, no final do século II a.C., pelo cônsul Caio Mário, que, ao realizar sua grande e revolucionária reforma do exército para aumentar-lhe a eficácia, atribuiu às legiões emblemas e insígnias. Assim, a águia tornou-se o símbolo do poder de Roma e do exército. No período imperial, identificava a supremacia do imperador como chefe do exército e mais alta autoridade religiosa (Pontifex Maximus = Pontífice Máximo).

A águia fazia-se acompanhar pelas insígnias militares, bandeiras usadas para distinguir as várias unidades de infantaria e cavalaria do exército. Consistiam em uma haste de madeira ou de metal em cuja extremidade superior havia uma bandeira, geralmente roxa. Havia também, na ponta superior da haste, uma pequena imagem, quase sempre de metal fundido, que representava o emblema daquele grupo militar. Era geralmente um animal: leão, touro, pantera, cotovia etc., mas também poderia ser uma mão, símbolo do manípulo, um tipo de formação militar que agrupava 160 soldados, ou outra imagem representativa. A partir desse momento, a identificação com as unidades às quais cada um pertencia tornou-se um elemento característico dos legionários. As legiões foram numeradas e, quando protagonizavam atos de particular valor ou significado, recebiam nomes comemorativos: por exemplo, Legião I Augusta, I Germânica, III Gálica, VI Victrix, V Macedônica etc.

As insígnias (em latim, *signa*) ficavam no alto, visíveis, e eram um ponto de referência para as tropas em marcha. Também desempenhavam um papel importante na transmissão de informações sobre o campo de batalha. Por exemplo, a ordem *"Signa profere"* significava "Avançar o exército"; *"Signa infere"* conclamava ao ataque; *"Signa vellere"* indicava o momento de remover as insígnias para marchar etc.

FORTALEÇA O SENSO DE PERTENCIMENTO

A convergência de objetivos e o simbolismo dos emblemas inspiravam legiões de centenas de soldados a se mover rapidamente como se fossem um só. Apenas soldados que se destacavam por sua coragem e habilidade eram incumbidos de levá-las, com a missão de evitar que caíssem em mãos inimigas – mesmo que isso lhes custasse a vida. Se por infortúnio isso acontecesse, organizavam-se expedições para recuperá-las. Em 60 a.C., durante o governo do Primeiro Triunvirato, formado por Júlio César, Pompeu e Crasso, este, em uma tentativa de igualar os feitos de seus dois colegas, decidiu invadir o Império Parta, parcialmente situado no atual Irã. Foi derrotado e morto em Carre, na Turquia moderna, em 53 a.C.. Milhares de legionários foram feitos prisioneiros e os exércitos de Roma foram obrigados a entregar as Águias Imperiais. Essa perda era tão simbólica e relevante que duas expedições foram enviadas para resgatar as insígnias: uma liderada por Marco Antônio, em 36 a.C., malsucedida, e outra em 20 a.C., quando os soldados comandados por Otaviano Augusto enfim recuperaram as Águias e libertaram os prisioneiros romanos que ainda viviam. O cônsul Nero Cláudio Druso Germânico também foi enviado à Alemanha entre os anos 14 e 16 para reaver as insígnias que tinham caído nas mãos de tribos germânicas após uma derrota militar no ano 9, na floresta de Teutoburgo.

CONVERGÊNCIA, INSPIRAÇÃO E INOVAÇÃO

As insígnias eram apenas objetos de metal. No entanto, eram símbolos carregados de significado e, portanto, de emoção. Eram capazes de acender a chama do pertencimento, do comprometimento e, assim, inspirar à luta.

Observe as organizações inovadoras de hoje em dia; seus *slogans*, as camisetas polo com o logo da empresa que seus funcionários usam; os *bottons* que muitos pregam no peito para designar o projeto em que atuam ou o esquadrão a que pertencem; as diferentes cores

IMPÉRIO DA INOVAÇÃO

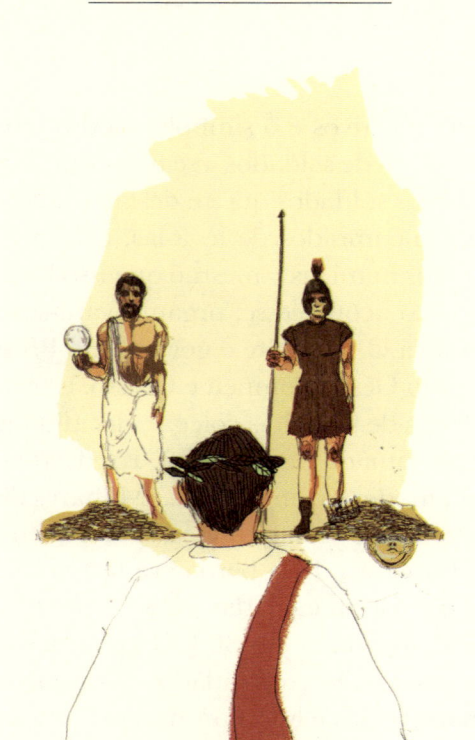

de crachá que distinguem os profissionais campeões de inovação; as flâmulas – enfim, todo o simbolismo que se faz presente. Fica claro que tudo tem tudo a ver com um imenso esforço para promover o alinhamento e a convergência para objetivos estratégicos e, assim obter a força da alma – a inspiração – de seus colaboradores. Em outras palavras, significa capacidade de inovar e, consequentemente, inovação. Pois é justamente dessa energia positiva que os processos de inovação se nutrem. O mesmo componente essencial, o espírito de pertencimento a uma determinada equipe que diferenciava o exército romano de todos os demais, está vivo nas empresas inovadoras e é um forte catalisador de inovação efetiva e sustentável.

Por mais que a história faça questão de destacar apenas um personagem a cada inovação, as grandes criações para o bem e desen-

FORTALEÇA O SENSO DE PERTENCIMENTO

volvimento da humanidade quase nunca surgiram de lampejos de pessoas especiais atuando sozinhas. Não é assim. Por trás de cada uma das muitas histórias de inovação há equipes superengajadas, competentes, dispostas a experimentar e arriscar. A errar e se reerguer. Elas compartilham uma visão da conquista. Da mudança que a inovação, uma vez concretizada, será capaz de proporcionar.

A nosso ver, essa componente se torna ainda mais importante quando se pensa que trabalhar com inovação é trabalhar com o que não existe. Ao menos não existe *ainda*. É mais difícil mobilizar pessoas para uma visão do que para algo objetivo, como fazer gols em um campo de futebol, por exemplo. Sendo assim, a capacidade do líder tem que ser ainda maior. Ele precisa ter o poder de aglutinar pessoas em torno de um sonho. Cabe a ele a duríssima, porém vital missão de criar senso de equipe e foco em algo que não se sabe sequer se vai funcionar.

Ao analisar em detalhe o processo que gera inovação nas empresas – pense em um caso real que tenha vivenciado, dentro ou fora do seu ambiente de trabalho – veremos que, partindo da ideia inicial até se chegar ao produto da inovação, houve múltiplos ciclos de interação com pessoas. Às vezes avançando, outras retrocedendo. Envolvendo gente afeta ou não ao projeto, mas que, em algum momento, se engajou e contribuiu. Houve uma potencialização do conceito inicial e uma alavancagem dos resultados graças à agregação de outras tantas e diferentes percepções e melhorias vindas de terceiros. Um verdadeiro processo de construção conjunta e positiva. No entanto, para que as pessoas coloquem seus tijolinhos positivos em uma criação, elas terão que se sentir parte. Terão que pertencer e, ao mesmo tempo, ser donas de tudo o que derivar do processo. Daí a importância da adequação das estruturas organizacionais para a inovação. Em Roma, como vimos, essa percepção era clara entre líderes civis e militares, a ponto de os povos vencidos serem escrutinados em seus maiores talentos e conclamados a unir-se a Roma, o que lhes renderia benesses em diversas áreas (*ver página 36*).

O MURO DO "FAZ AÍ"

Em se tratando de inovação como um processo de co-criação e resultado do trabalho de equipes engajadas, é uma tremenda distorção pensar em separar as pessoas de seu dia a dia para que se dediquem exclusivamente à inovação. Mesmo assim, muitas empresas têm cometido esse engano. O pensamento que está por trás é: "Queremos ser mais inovadores, mas não podemos comprometer a produção e a entrega. Vamos tratar essas tarefas como diferentes e separar quem faz o quê. Vamos garantir assim que não haja perda de energia e foco nos resultados financeiros dos quais precisamos". Nas empresas que operam sob essa lógica, os dirigentes apartam um pequeno grupo que irá tratar da inovação, deixando os demais de fora. O que acontece? As inovações não surgem na intensidade e efetividade esperadas. Ou surgem apenas propostas de pequenas melhorias ou inovações desconectadas da estratégia e das necessidades. Pior, caso surjam uma ou mais inovações interessantes, as equipes autoras ou as pessoas autoras encontram um verdadeiro muro na hora de desenvolver protótipos ou mesmo de implantar e experimentar: o muro do "faz aí". Os que ficaram para trás com a missão de continuar produzindo para "pagar as contas" não têm qualquer estímulo para fazer a inovação acontecer. Sua reação natural e humana é perguntar: "Não eram vocês os escolhidos? Não são vocês que fariam acontecer a inovação, enquanto nós aqui produzimos para pagar as contas? Então! Faz aí...".

Outro arranjo, igualmente ineficaz, é lançar o "Dia da Inovação" e esperar que daquele decreto em diante a empresa se torne inovadora. São processos natimortos, muitos deles sem um foco claro, agravados na maioria das vezes por campanhas vazias de conteúdo nas quais as pessoas, do dia para a noite, são exortadas a inovar. Essa escolha acaba sendo tão ou mais catastrófica que a primeira. Espera-se do nada que ocorra uma transformação profunda e repentina e todos libertem o Steve Jobs dentro de cada um inundando

FORTALEÇA O SENSO DE PERTENCIMENTO

a companhia de inovações radicais e de alto impacto. Um passe de mágica. Resultado: centenas de ideias com focos dispersos choverão sobre algum gerente que não estabeleceu *a priori* que tipo de inovação buscava – se radicais ou incrementais, se de produto e processo ou de qualquer tipo, com que critério irá selecioná-las, como recompensará quem gerar as melhores inovações e mais um montão de perguntas que deveriam anteceder um movimento desse tipo.

Nenhum desses dois casos permite o senso de pertencimento e trabalho em equipe que são fatores essenciais para a realização da inovação.

Bem, se não é papel de alguns poucos craques e não é uma conclamação a todos, então o problema não tem solução? Tem sim! Inovação é papel de todos, e é da contribuição de todos que a empresa precisa. Mas de uma forma orquestrada. Será vital, para o sucesso, que se estabeleça antecipadamente a estratégia de inovação (*ver página X*) e se determine claramente quem conduzirá a gestão do programa. Ou seja, tem que haver um pequeno grupo nomeado não para fazer a inovação, mas sim para gerenciar a implantação e operação do processo. Em outras palavras: *fazer as pessoas fazerem*, assegurando que a inovação seja permanente. Nas organizações que levam a sério os processos de inovação, normalmente um comitê com representantes das várias áreas não só cuidará de ajustar a estratégia, como será o condutor das mudanças necessárias para que a inovação seja institucionalizada na empresa. Esse comitê tem também, na maioria das vezes, o papel de guardião da cultura, potencializando a flexibilidade e adaptabilidade que as empresas precisam ter para inovar. Agindo e influenciando a alta direção para a incorporação desses novos valores de uma cultura propícia à inovação. Crenças como flexibilidade, erro como aprendizado e várias outras clássicas e presentes em empresas inovadoras deverão ser incorporadas à cultura empresarial.

O senso de pertencimento na XP Investimentos

Se no tempo das nossas avós a caderneta de poupança era uma aplicação segura e rentável, hoje qualquer investidor minimamente informado sabe que ela perdeu terreno para os fundos de investimentos e, nos *rankings*, só supera os terríveis títulos de capitalização e os consórcios de automóveis. Por essas e por outras, a mobilização para que a população busque maneiras mais rentáveis de aplicar seu dinheiro vem obtendo bons resultados. Em 2018, 40% dos entrevistados na pesquisa anual da Anbima, a Associação Brasileira das Entidades dos Mercados Financeiros e de Capitais, declararam investir em poupança; em 2019, foram 36,9%.

A atuação das corretoras de valores e empresas de investimentos tem sido crucial para a oferta de melhores soluções. Ao alardear seus produtos com taxas de administração inferiores às dos grandes brancos brasileiros e incensar aplicações com remunerações competitivas e segurança, elas têm atraído um público cada vez mais esclarecido. Nesse cenário, ninguém navegou com mais êxito do que a XP: a empresa de investimentos computa hoje cerca de 1,5 milhão de clientes e tem sob sua custódia impressionantes 300 bilhões de reais. Em setembro de 2018, o Itaú Unibanco adquiriu 49,9% do capital total da empresa. Para isso, investiu 6,7 bilhões de reais, além de um aporte de 600 milhões na companhia, transformando a XP em um grande *player*. Na mídia, faces conhecidas, como as do ator Murilo Benício e do apresentador Luciano Huck, apregoaram as vantagens da XP. "Eu vim para a XP porque sei que é o melhor jeito de investir", afirma Huck em vídeo institucional, explicando, na sequência, que a empresa é "moderna, transparente, barata e confiável".

FORTALEÇA O SENSO DE PERTENCIMENTO

Em um empreendimento tão bem-sucedido, é difícil, claro, apontar um único fator de sucesso. É possível afirmar, por exemplo, que um de seus carros-chefes, a aposta em oferecer educação financeira a um público pouco afeito aos conceitos do mundo do investimento, foi muito eficaz como estratégia de engajamento do cliente final. Mas não há dúvida de que o senso de pertencimento tem sido crucial a todo momento nas sucessivas conquistas. Esse senso está ligado à cultura organizacional da XP e se reflete em todas as relações, sejam elas internas ou com outros *stakeholders* da companhia. Como ocorria na antiga Roma, o time XP sabe que essa característica intangível é essencial para o sucesso e trabalha para que ela esteja presente e se fortaleça permanentemente em todas as instâncias.

As origens da empresa ajudam a explicar como esse senso de pertencimento se formou. Em 2001, ao sair da corretora InvestShop, empresa do banco Bozano, em São Paulo, o economista Guilherme Benchimol decidiu tentar a sorte em Porto Alegre. Ele e um sócio à época tornaram-se agentes autônomos de investimentos, nome dado pela CVM, a Comissão de Valores Mobiliários, a profissionais que conhecem as regras do mercado financeiro e assessoram clientes na composição de sua cesta de investimentos – sem as taxas altas dos bancos de varejo. Na capital gaúcha, em uma salinha do bairro Moinhos de Vento, nascia a empresa de agentes autônomos que os dois criaram para consolidar seus negócios. Como se chamaria? Reza a lenda que Guilherme queria fundar uma "corretora XPTO" – gíria comum para algo cujo nome desconhecemos. Ficou XP. O capital inicial foi de 15 mil reais.

Nascida da iniciativa empreendedora de Guilherme, a XP avançou movida pelo espírito de seu fundador. Rapidamente ele entendeu que, em um mercado superfechado como o de bancos, onde cinco grandes *players* reinavam quase absolutos, não seria fácil alcançar a maturidade e o sucesso do negócio. Há cerca de dois mil anos, em

Roma, muitas vezes o exército teve que enfrentar rivais mais poderosos, com contingentes de guerreiros diversas vezes maiores que as forças romanas. A estratégia e, ao mesmo tempo, a mais forte arma foi a mesma utilizada pela XP: congregar mais gente em torno do seu sonho e crescer. O fato de ter aberto suas atividades como agente autônomo aproximou Guilherme e seu sócio da época, de maneira natural, do conceito de sociedade. Desde o início, souberam que pessoas mais engajadas e com visão de longo prazo, que pensassem como donos da empresa, poderiam levar a jovem XP a expandir-se "romanamente" a alturas que, no início dos anos 2000, pareciam, efetivamente, sonhos. Quando da redação desta obra, a XP contabilizava 371 sócios e associados. "Não contratamos pessoas pelo currículo ou pela rede de contatos que têm, e sim pela capacidade de trazer perspectivas diferentes e ir atrás de sonhos grandes", disse Benchimol em entrevista à edição brasileira da *revista Forbes* em março de 2019. A empresa espera que cada novo integrante do time se sinta verdadeiramente parte essencial deste grande empreendimento e injete tração e energia na XP.

FORTALEÇA O SENSO DE PERTENCIMENTO

Em contrapartida, oferece não apenas aos sócios e associados, mas à equipe de agentes autônomos de investimentos espalhada por todo o país a possibilidade de ganhos exponenciais. Muitos são egressos de bancos, onde viviam sob uma estrutura engessada, com teto de ganhos pré-definido e possibilidade de crescimento limitada pela hierarquia gigantesca de uma instituição financeira. Claro, para muitos houve o "frio na barriga" de deixar um emprego no qual tinham a garantia do salário no final do mês, 13º salário, férias, plano de previdência com parcela depositada pelo empregador. No entanto, na XP, ganham a oportunidade de empreender, otimizar ganhos e organizar a própria agenda. No início de 2018, a XP tinha 2200 agentes autônomos; ao final do ano, eles já eram 4200, e a empresa trabalhava com a perspectiva de encerrar 2019 batendo a marca de 6500, segundo entrevista de Gabriel Leal, sócio e *head* comercial e de relacionamento com o cliente, à InfoMoney. "Sabemos realmente como ajudar nossos agentes autônomos a alcançar o sucesso profissional", afirmou Leal em 2018.

Em Roma, a cada província incorporada ao império ocorria algo comparável. Os habitantes das comunidades, antes limitados à exploração dos recursos locais e com possibilidades de desenvolvimento reduzidas e pré-estabelecidas, ao engajar-se passavam de imediato a trabalhar e viver com perspectivas exponencialmente maiores. Os que mais se destacassem em sua área de atuação poderiam até mesmo receber o cobiçado título de cidadão romano, o que, no caso da XP, equivaleria a tornar-se sócio.

O componente mais poderoso da gênese do pertencimento pode ser descrito como a existência de um objetivo comum, pactuado de maneira clara e transparente. No caso dos romanos, esse objetivo era o desejo de vencer. Na XP, o exército engajado de agentes autônomos, sócios e equipe interna – hoje, cerca de 2000 colaboradores – compartilha o sonho de quebrar o oligopólio dos bancos.

"Acreditamos que está ao nosso alcance fazer o brasileiro investir melhor", afirma Fernando Vasconcellos, sócio e head de *marketing*. "Nossos sócios e agentes autônomos compartilham esse sonho, mas são empreendedores e também cultivam os próprios sonhos. A empresa alavanca essa grande expectativa por meio de uma marca, uma plataforma e uma prateleira de produtos atraentes." Sabemos também que, quando se pensa em inovar, e especialmente em inovar criando *algo que ainda não existe* (uma empresa capaz de seduzir clientes dos grandes bancos), o senso de pertencimento é mais crucial ainda.

Se os romanos tinham insígnias para marcar seu pertencimento às legiões, a XP vem consolidando rituais e práticas diversas com esse foco. Um dos mais visíveis é a Expert XP, evento sobre investimentos que realiza anualmente desde 2011. Restrito inicialmente a agentes autônomos, em 2017 ele se abriu para receber também investidores e, como tal, tornou-se um grande sucesso de público e de renda. Na edição de 2019, cerca de 30 mil pessoas esgotaram os ingressos um mês antes e lotaram a plateia para assistir às palestras de Jorge Paulo Lemann, de Ben Bernanke, ex-presidente do Federal Reserve, o Banco Central dos Estados Unidos, e, claro, do próprio Guilherme Benchimol. Nesse evento, os agentes autônomos são os anfitriões de seus clientes finais, fazendo as honras da "casa" que estão construindo juntos.

Por ocasião da operação com o Itaú Unibanco, a XP recuou de um projeto que vinha agitando o mercado, o de fazer o próprio *IPO*, isto é, vender ações em Bolsa de Valores. Mas não descarta essa possibilidade, bem como a de se tornar banco. Apesar das metas ambiciosas, trabalha para manter viva uma cultura de humildade que independe de seu crescimento. Seus sócios, agentes autônomos e colaboradores são permanentemente lembrados de que a empresa possui uma participação muito pequena de mercado, pois 95% do dinheiro investido no país segue sob a guarda dos grandes bancos.

FORTALEÇA O SENSO DE PERTENCIMENTO

A mensagem é: ainda estamos no começo e há muito o que fazer. Na entrevista à revista Forbes, o fundador e CEO, Guilherme Benchimol, explicou: "A cultura nada mais é do que aquilo que você é. Eu sou uma pessoa de hábitos simples, que sonha alto, tem a mente aberta e espírito empreendedor, e é assim que definimos a companhia. Queremos pessoas que se engajem nesse propósito e sejam humildes, no sentido de não serem donas da verdade, estarem dispostas a mudar de opinião e a aprender".

IMPÉRIO DA INOVAÇÃO

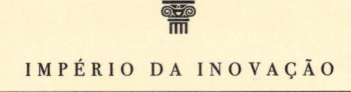

CAPACITE AS PESSOAS PARA INOVAR

CAPACITE AS PESSOAS PARA INOVAR

Engana-se quem acha que a capacidade de inovar seja um dom ou privilégio de poucas pessoas iluminadas. Que é preciso ter Steve Jobs nas empresas se quisermos que a inovação aconteça. Bem diferentemente disso, as organizações inovadoras, as usinas de inovação, investem de maneira consistente no desenvolvimento da capacidade de as pessoas inovarem. São milhares de horas por ano dedicadas a fornecer aos profissionais as técnicas de geração e gestão da inovação, aperfeiçoar suas atitudes como inovadores e, ainda, desenvolver seu repertório de conhecimentos além dos específicos do trabalho. Isso mesmo: ampliar as fronteiras do saber, a cultura geral, com aprendizados no campo das artes e da história da humanidade, ajuda em muito a tornar as equipes mais capazes de identificar mudanças socioculturais, compreendê-las, distinguir o que representa valor para o cliente e ficarem mais sensíveis e capazes de gerar inovação de resultados.

Capacitar maciçamente as pessoas, portanto, é um requisito básico de quem quiser ter uma equipe que vença pela via da inovação. Ou um exército, como era o caso dos romanos. Este era um ponto claríssimo para Roma: sem treinamento, não haveria vitória. Em seu tratado *A Arte da Guerra Romana, II*, o historiador romano Públio Flávio Vegécio Renato (século IV-V) pontuou: "Um soldado não treinado, não importa quantos anos passou no exército, permanecerá sempre um recruta". Para Vegécio, o êxito no campo de batalha dependia do número e da coragem dos soldados; porém, apenas o treinamento militar contínuo, a observância da disciplina nos acampamentos e o gerenciamento tático meticuloso das milícias garantiriam o sucesso. Não fosse assim, argumenta ele, como teriam vencido os gauleses, muito mais numerosos? Ou os alemães, que eram quase intimidadoramente altos diante dos romanos? Ou os hispânicos, célebres pela força física? E até mesmo os africanos, sabidamente espertos, e os gregos, superiores nas artes e no conhecimento? O segredo dos romanos foi construir um exército de soldados profissionais "por meio do exercício físico regular e do treinamento no uso de armas". O grande historiador acreditava que um pequeno número de soldados bem treinados tinha melhores possibilidades de vencer do que uma multidão de homens rudes e despreparados. O exercício (*exercitatio*, em latim) era tão associado aos guerreiros romanos, conhecidos como "aqueles que se exercitam", que a palavra "exército", em sua concepção atual, deriva deles.

A capacitação para a guerra exigia uma rotina duríssima. Primeiro, os soldados romanos aprendiam a marchar de modo rápido e ordenado, percorrendo todo dia distâncias de até 30 quilômetros ou 35, na véspera de grandes batalhas, quando tinham que fazer as marchas forçadas *(ver página 53)* ao longo de 5 a 6 horas. Nessas caminhadas, vestiam armaduras que pesavam cerca de 15 quilos e levavam nos ombros pelo menos outros 20 quilos em equipamentos para preparar o acampamento, se necessário, e alimentos para dois a três dias. Uma vez por semana, realizavam marchas em terrenos montanhosos, sempre com a armadura completa. Também praticavam o salto (para superar com facilidade obstáculos e valas) e arremesso de dardo, sempre em movimento, para potencializar o impacto. Parte dos exercícios era feita sob a orientação dos treinadores de gladiadores, que ensinavam aos soldados todos os truques da profissão, de modo que pudessem atacar o inimigo com violência e eficácia. Esses macetes eram particularmente importantes naqueles tempos, em que a maioria dos combates se dava corpo a corpo. Sob o olhar rigoroso dos mestres, os legionários romanos treinavam sua habilidade e fortaleciam seus músculos golpeando postes de madeira com 1,80 metro de altura, mirando sempre a região da cabeça e as pernas dos adversários, normalmente desprotegidas.

O exercício da natação era particularmente difícil. Envolvia, além de habilidade física, grande condicionamento para cruzar rios com armaduras e artefatos bélicos. Diz-se a esse respeito que, quando o imperador Adriano ordenou a seus homens que atravessassem as águas traiçoeiras do rio Danúbio – levando consigo armas e cavalos –, os bárbaros, na outra margem do rio, ficaram tão impressionados que preferiram se render a enfrentar homens tão experimentados e corajosos.

Felizmente, o treinamento para vencer pela via da inovação nos nossos dias não precisa ser fisicamente tão rigoroso. Intelectualmente, porém, ele exige o mesmo empenho e dedicação – ou mais, dadas as vertiginosas mudanças sociais e tecnológicas que vivemos. No universo da inovação, podemos segmentar a capacitação em três categorias, todas igualmente importantes: capacitação técnica, conhecimentos de base comportamental e conhecimentos paralelos e de cultura geral. Sem qualquer pretensão de transferir aqui conhecimentos de como cada prática se aplica e funciona, destacamos a seguir apenas algumas das principais ferramentas a título de ilustração.

Capacitação técnica: nos referimos aqui ao domínio das técnicas e das ferramentas aplicadas aos processos de geração da inovação. Da mesma maneira que se exigia dos soldados romanos o pleno domínio do cavalo, para subir e descer da sela, de ambos os lados, com armadura completa e sem estribos, hoje é imprescindível conhecer técnicas de geração e seleção de ideias e gestão de projetos de inovação, como *brainstormings* estruturados, mapas mentais, diagramas de causa e efeito, entre outras. Vale a pena destacar algumas delas:

Seis Chapéus. Desenvolvida internamente na multinacional suíça de tecnologia Asea Brown Boveri (ABB), essa técnica explora o pensamento lateral e tem possibilitado enorme ganho de tempo e maior aproveitamento da capacidade de raciocínio dos times de inovação. Isso porque, nos previsíveis debates que acontecem ao longo do processo de concepção de uma inovação, a metodologia permite neutralizar o encastelamento natural de cada indivíduo na posição que defende. A técnica sugere que os participantes usem diferentes "chapéus" (perspectivas) para abordar uma mesma situação. Há o chapéu *branco*, que representa a informação e concentra os dados disponíveis, de maneira neutra; o chapéu *vermelho*, que estimula a livre manifestação das emoções, sem necessidade de explicação ou justificativa; o *preto*, que simboliza a precaução e a avaliação do risco; o *amarelo*, da lógica positiva, "que permite ver o valor e os benefícios das ideias com base na lógica e na realidade... como a luz do Sol", como escreve Edward de Bono em seu livro *Inovação e Mudança: autores e conceitos imprescindíveis*[1]; o chapéu *verde* representa a energia e a criatividade e convida a buscar possibilidades inexploradas; por fim, o *azul* retrata a visão panorâmica: usado geralmente pelo líder, é o chapéu que exige conclusões e decisões. "O pensamento lateral exige que, em cada momento, todos utilizem o mesmo chapéu. Quais efeitos produz? Acelera os processos", segundo de Bono.

Mapa mental. Técnica gráfica muito simples e efetiva criada nos anos 1970 na Inglaterra pelo consultor Tony Buzan para registrar

---

1. BONO, Edward de. Inovação e Mudança: autores e conceitos imprescindíveis. Publifolha: São Paulo, 2001.

fatos, ideias e outros tipos de conteúdo de maneira não linear, em estruturas radiais, ramificando-se a partir do centro. Sua essência consiste em favorecer o significado desses conteúdos, trabalhando, portanto, com aprendizagem, e não com memorização, o que aumenta a capacidade de retenção do conhecimento. Pode ser utilizado para planejar reuniões e registrar *brainstormings*. Em seu artigo "Uma técnica alternativa para acelerar a aquisição de conhecimentos", o *coach* Paulo Roberto Suzuki assim explica a eficiência dessa técnica: "Ninguém nega que a mente humana é multissensorial; isso significa que pensamos diversas e diferentes coisas ao mesmo tempo. Ao pensar sobre determinado assunto, processamos múltiplos eventos, fazemos comparações, relacionamentos (*links*), generalizamos e selecionamos ideias. A mente mais parece um fantástico 'caos' organizado do que conjuntos de textos alinhados e dispostos sequencialmente como em livros e cadernos. Portanto, um método de documentação que respeita a natureza da mente é mais favorável ao aprendizado".

Brainstormings Estruturados. Reunir um grupo de pessoas em um mesmo ambiente para gerar novas ideias em torno de um tópico específico é uma técnica bastante disseminada nas organizações. A ideia, aqui, é oferecer as condições para que elas possam ser expressas livremente, sem julgamento nem avaliação, até que o sortimento de ideias ou o tempo definido para a sessão tenha se esgotado. Criado pelo publicitário americano Alex F. Osborn, o método baseia-se em dois pilares: ideias não produzem decisões imediatas e quantidade gera qualidade; Osborn (1888-1966) acreditava que quanto maior o número de ideias ventiladas em uma sessão de *brainstorming*, maior a possibilidade de se produzir uma solução radical e eficaz para uma situação difícil. Com o passar do tempo, e visando resultados cada vez mais efetivos, facilitadores e consultores foram aperfeiçoando a metodologia. No caso dos especialistas da Pieracciani, por exemplo, demos o nome de "*brainstormings* estruturados" aos tradicionais processos de geração de ideias ou soluções e passamos a dividi-los em fases, utilizando faixas de cartolinas para escrever cada ideia. As cartolinas são posteriormente aplicadas pelo facilitador em folhas de *flip chart* autocolantes, o que conferiu velocidade e eficácia ao processo. Outra dica essencial para o sucesso dessa prática é a qualidade das perguntas propostas aos participantes. Vale destacar que essas cartolinas e o uso por todos de canetas de ponta porosa da mesma cor permitiram dissociar a ideia de quem a deu, facilitando enormemente os debates e a solução de consenso em cada etapa.

Disney Storyboard. Os *storyboards* remetem aos primeiros anos de cinema, quando os artistas dos estúdios Disney colavam seus desenhos em sequência nas paredes para indicar o estágio de produção em que se encontravam. As empresas se apropriaram dessa técnica e atualmente os *storyboards* são utilizados para planejar a inovação, propostas e projetos em geral. Por facilitar a visualização e a compreensão de cenários e situações, é uma ferramenta gerencial muito útil para externalizar os próprios pensamentos e os dos outros. Da mesma maneira que no *brainstorming*, na técnica de *storyboard* todas as ideias devem ser acolhidas e, no primeiro momento, consideradas relevantes, mesmo que pareçam impraticáveis.

World Café. Esse método evoca justamente a atmosfera de informalidade e acolhimento de um café para estimular conversações significativas sobre temas que realmente importam. Parte do princípio de que as pessoas carregam dentro de si a sabedoria e a criatividade para solucionar mesmo os desafios mais complexos, porém é preciso, para tanto, acessar uma inteligência coletiva e criar possibilidades inovadoras de ação. O *design* dessa técnica – conversações pequenas e íntimas que se conectam a outras conforme os participantes se movem entre grupos – favorece a polinização de ideias de maneira cruzada e o surgimento de *insights* em torno de questões e problemas que são, de fato, relevantes na vida, no trabalho ou na comunidade desses indivíduos, conforme explicam Juanita Brown e David Isaacs no artigo "World Café: Despertando a inteligência coletiva e ações com envolvimento e empenho coletivo".

No final dos anos 1990, com a fundação do escritório de *design* IDEO, na Califórnia, mais um rico conjunto de técnicas foi adicionado a essas já existentes. A criação do Design Thinking e os métodos que dele derivaram, como os *design sprints*, os *bootcamps* e outras metodologias para tratar desafios, tornaram ainda mais amplo e eficaz o repertório de métodos para a inovação. Sem falar de conceitos mais recentes que também passaram a compor o arsenal da inovação, como os de *consumer experience* e *user experience* e o significado de produtos e serviços, entre outros. A partir dos anos 2010, houve também uma renovação nos métodos para transformar as ideias em projetos e os projetos em protótipos e realidade. Falamos aqui das ferramentas de estruturação de planos de ação, como a A3 e o 5w2H, e das que são eficazes para a gestão de projetos, como o *scrum* e *agile*, entre outras. Detalhamos a seguir alguns dos principais conceitos, apenas com o intuito de ilustrar.

Consumer experience (CX) e user experience (UX). O CX é uma estratégia compreensiva que analisa a maneira como um negócio engaja, reage e se relaciona proativamente com os consumidores em seus momentos de necessidade e sob a ótica destes. O UX faz o mesmo, porém envolvendo produtos digitais, com o compromisso de prover a melhor experiência de uso do produto. As duas técnicas podem ser usadas em três momentos: antes, durante ou depois da concepção de um produto. A tabela a seguir mostra a ampla gama de novas ferramentas e métodos que os gestores de inovação devem dominar:

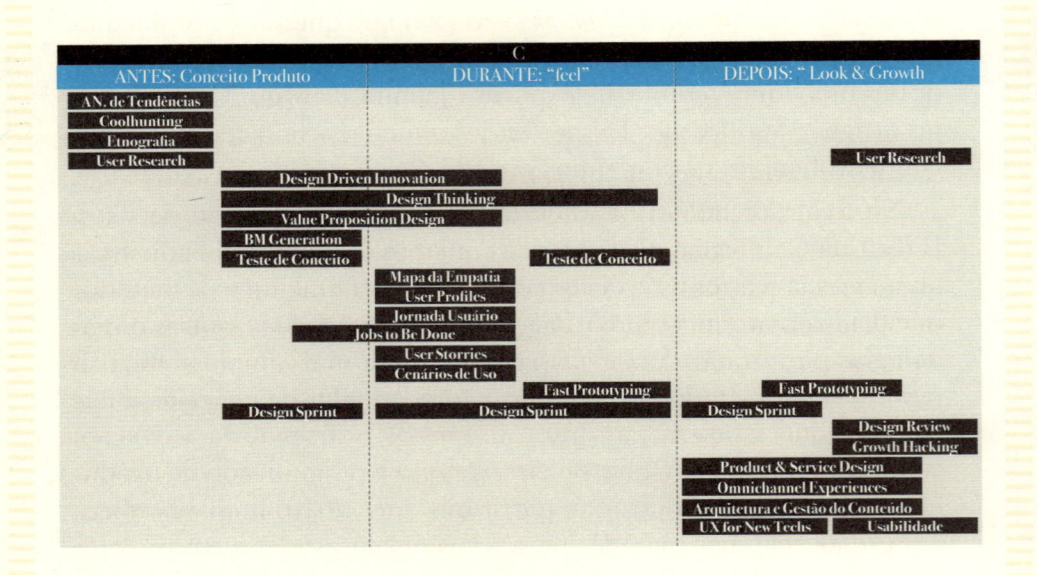

	C	
ANTES: Conceito Produto	**DURANTE: "feel"**	**DEPOIS: " Look & Growth**
AN. de Tendências		
Coolhunting		
Etnografia		
User Research		User Research
Design Driven Innovation		
Design Thinking		
Value Proposition Design		
BM Generation		
Teste de Conceito	Teste de Conceito	
	Mapa da Empatia	
	User Profiles	
	Jornada Usuário	
	Jobs to Be Done	
	User Storries	
	Cenários de Uso	
	Fast Prototyping	Fast Prototyping
Design Sprint	Design Sprint	Design Sprint
		Design Review
		Growth Hacking
		Product & Service Design
		Omnichannel Experiences
		Arquitetura e Gestão do Conteúdo
		UX for New Techs / Usabilidade

(Ferramentas e metodologias para cada fase do design)

A seguir, apenas com objetivo ilustrativo, apresentamos algumas ferramentas de cada fase da concepção do produto:

Antes

Pesquisa etnográfica: "Uma pesquisa etnográfica aplicada ao consumo significa imergir na realidade do público-alvo, buscando entender seu dia-a-dia, sua maneira de agir e pensar a vida, e aprender quais as lógicas e os mecanismos que estão por trás de cada cultura e cada comportamento."

SAAD, Lucas, PEREIRA, Alisson e SPOHR, Julia. Design Brasil, 2016. Disponível em <https://www.designbrasil.org.br/entre-aspas/etnografia Último acesso em 10 de outubro de 2019.

Durante

Tipos de persona e Mapa da empatia: Os tipos de persona são personagens imaginários baseados em pessoas reais – arquétipos dos usuários. Como ferramentas, são utilizadas para distinguir consumidores e entender seus estilos de vida, suas aspirações e necessidades, com o objetivo de ilustrar padrões de comportamento. Podem tanto estimular novas ideias e conceitos de produtos e serviços quanto ajudar a validá-los. O Mapa da empatia é a ferramenta empregada para construir as personas, resumindo e organizando os resultados da fase de imersão nos projetos de *Design Thinking*. Por meio da ferramenta, é possível definir a persona por meio da análise dos seguintes fatores: o que pensa e sente; o que escuta; o que fala e faz; o que vê; quais são suas dores; quais são seus ganhos.

Depois

Design review (Expert review). Trata-se de uma técnica para identificar problemas de uma solução digital usando as heurísticas (princípios básicos de usabilidade). O ideal é que seja feita por três especialistas. A técnica consegue cobrir, em média, 75% dos problemas que normalmente ocorrem em qualquer *interface*. As dez heurísticas identificadas pelo cientista da computação dinamarquês Jakob Nielsen, um dos maiores especialistas em usabilidade do nosso tempo, são:

Visibilidade do *status* do sistema;
Correspondência entre o sistema e o mundo real;
Controle e liberdade para o usuário;
Consistência e padrões;
Prevenção de erros;
Reconhecimento em vez de memorização;
Flexibilidade e eficiência de uso;

Design minimalista;
Reconhecimento, diagnóstico e recuperação de erros;
Ajuda e documentação.

2) Conhecimentos de base comportamental: sim, as pessoas precisam ser educadas a se comportar como agentes de inovação. As escolas não ensinam isso. Pior: os pais também não. Em quase três décadas lidando com empresas inovadoras e analisando o comportamento de suas lideranças, conseguimos identificar nelas quatro características em comum. Então, aplicamos esses mesmos quatro filtros atitudinais a reconhecidos líderes inovadores, brasileiros e internacionais. Chegamos à surpreendente conclusão de que as mesmas características inventariadas nos líderes com os quais convivemos eram marcantes em estrelas inovadoras como Pelé, Chacrinha, Oscar Niemeyer, Madre Teresa de Calcutá, Ayrton Senna e tantas outras referências de liderança inovadora.

Essas características atitudinais são:

Sentir/perceber. Os inovadores são pessoas extremamente sensíveis e antenadas. Percebem as reações humanas, as tendências, as tecnologias e soluções que poder fazer a diferença de verdade. Estão atentos ao que outros não veem, pois praticam o tempo todo uma observação cuidadosa, usam seus cinco sentidos, ouvem mais do que escutam e olham com criticismo para o mundo e o que está em volta deles.

Sonhar/criar. Já falamos da capacidade dos inovadores de enxergar um mundo melhor à frente deles. De sua capacidade de visualizar soluções e persegui-las. A atitude de um inovador diante de um problema, de um produto ou solução é imaginá-lo melhor, em um estágio de desenvolvimento maior que gerasse mais alegria e satisfação para os envolvidos. É como que se o inovador vivesse em duas dimensões o tempo todo: a real e o do sonho. E, mesmo na dimensão do sonho, ele está construindo o tempo todo.

CAPACITE AS PESSOAS PARA INOVAR

Acreditar/arriscar. O inovador é movido por um impulso irrefreável de experimentar. De ver o que acontece quando se faz diferente. Age como se fosse viciado em adrenalina, um curioso eterno. Poderíamos dizer que os profissionais inovadores quase se divertem subvertendo a ordem e o funcionamento das coisas. Transgredindo e observando atentamente o que acontece. Pense em alguém inovador que conhece. Verá estampadas nele essas características.

A quarta e última atitude é *Transformar*. Os inovadores são todos transformadores. Eles mudam o tempo todo. Ao se reinventar e se renovar, influenciam e mudam o ambiente em seu entorno: as pessoas e o ecossistema com o qual interagem. São o que Raul Seixas poderia chamar de "metamorfose ambulante", título de uma de suas espetaculares músicas.

Assim, compreendendo que atitudes são importantes, é possível aperfeiçoá-las em líderes e profissionais que estarão envolvidos com a inovação nas organizações.

O curioso é que, em termos de atitudes, todos nós nascemos com esses comportamentos de inovador à flor da pele. Em nossa origem e em nossa essência, somos verdadeiros inovadores.

Se houver perto de você uma criança, observe-a com bastante atenção. Veja como esses garotos e garotas são supersensíveis e percebem tudo à sua volta. Às vezes, parecem viver em outro mundo, o dos sonhos. Note como sonham acordados e criam a partir do nada. Uma cadeira tombada no chão se transforma em uma carruagem, e a brincadeira não para. Quando se trata de adrenalina, então... Não tem criança que não ame se arriscar o tempo todo, deixando os pais em permanente estado de alerta. Por fim, esses pequeninos e pequeninas, como eles nos transformam enquanto crescem e mudam a si mesmos! Quer um comportamento inspirador para a inovação? Então observe uma criança.

O problema é que as escolas, a sociedade, os pais e, mais tarde, as empresas, suas regras e seus orçamentos se encarregam de bloquear essas atitudes em nossas vidas e de fortalecer um comportamento padrão, baseado em regras e controle. A sociedade e as escolas não foram feitas para formar inovadores.

Às organizações que querem inovar cabe o papel de voltar a educar essas pessoas, resgatando nelas as características tão potentes que tinham quando crianças e que acabaram por deixar para trás no esforço para agradar aos professores, pais e chefes. É possível e necessário, portanto, endereçar uma vertente de capacitação com foco nesta dimensão comportamental.

Na Roma antiga, os governantes tinham plena consciência do potencial da infância, e a capacitação para a guerra começava cedo. Aos 12 anos, as crianças do sexo masculino eram estimuladas a frequentar os ginásios, onde praticavam ginástica, corrida e esgrima com armas de madeira, sob a orientação de instrutores. Era preciso fortalecer a musculatura para correr rápido e, mais tarde, suportar o peso da armadura. Diferentemente dos gregos, que exercitavam o corpo em busca de harmonia e beleza, os romanos treinavam para se preparar para a guerra; o sonho de muitos adolescentes era lutar e cobrir-se de glórias. Aos 17 anos, o jovem, especialmente se pertencesse a uma família rica, alistava-se no exército, iniciando uma vida de acampamentos, marchas e treinamento militar. Havendo uma guerra em curso, era enviado para conhecer os procedimentos. Públio Cornélio Cipião, herói da Segunda Guerra Púnica conhecido como Cipião, o Africano, teve seu batismo de fogo com apenas 17 anos, lutando contra o exército de Aníbal na Batalha de Ticino, na atual Itália, onde se distinguiu por sua coragem e por ter resgatado seu pai, comandante do exército ferido em combate.

3) Conhecimentos paralelos e cultura geral. A terceira dimensão da capacitação de inovadores envolve saberes de outros campos, que não os especificamente técnicos ou comportamentais. É imprescindível que esses saberes componham o repertório de profissionais inovadores. Arte, música, história, culturas de outras partes do mundo e religiões, e outras tantas possíveis escolas certamente ampliam a capacidade que as pessoas têm de inovar.

Uma das inovações que marcaram com sucesso a história da empresa italiana Artemide, conforme descreve o professor Roberto Verganti em seu best-seller *Design-Driven Innovation*, é o abajur Metamorfosi. Fugindo das armadilhas da estética, único fator que as pessoas supostamente levavam em conta na hora de escolher uma luminária, os *designers* da Artemide criaram uma luz que pode ser regulada para ter a intensidade e, principalmente, a coloração que se desejar. Significa dizer que a função do abajur Metamorfosi não é decorar e iluminar; ele existe para oferecer a possibilidade de ter na sua casa as sensações agradáveis que a luz é capaz de proporcionar. Pode ser uma luz azul clara, por exemplo, para ouvir uma boa música clássica, um tom de vermelho para namorar, um amarelinho para executar uma tarefa que requeira energia ou um laranja para evocar o pôr do sol, caso a pessoa tenha perdido naquele dia o espetáculo natural. Até mesmo o nascer do sol para despertar, mesmo que fora esteja escuro. O mais fantástico da criação do abajur Metamorfosi é que ele foi concebido a partir da interação e dos conhecimentos de cenógrafos, e não de projetistas de abajures, em um exemplo claro do nível de inovação que é possível alcançar quando se cruzam saberes de áreas diversificadas.

A fragrância Malbec de O Boticário, para o público masculino, é um dos produtos mais vendidos da história da perfumaria nacional. Sua concepção é um exemplo rico de como conhecimentos paralelos podem impactar a inovação, em especial no que se refere à estratégia de inovação de significado *(ver página 66)*. O Malbec foi o primeiro perfume a ser desenvolvido com álcool vínico, obtido a partir da fermentação das uvas, em vez do álcool etílico, tradicionalmente empregado na indústria de cosméticos. Trabalharam no desenvolvimento desse produto campeão em inovação perfumistas, aromistas e... enólogos. A ideia de criar uma fragrância com uma base diferente nasceu durante uma visita do fundador da empresa, Miguel Krigsner, a uma vinícola chilena. Apreciador de vinhos, Krigsner encantou-se com a riqueza dos aromas das caves onde o vinho é maturado e cogitou criar uma fragrância masculina que evocasse aquela atmosfera. Foi a amplitude de repertório do presidente da empresa que propiciou o surgimento de um perfume inovador – e *best-seller*.

NADANDO NO ESCURO

Assim como os romanos, que eram treinados até a exaustão em técnicas de guerra, conhecimentos de geografia, uso de ferramentas e armas novas, os profissionais das usinas de inovação – é assim que chamamos as empresas inovadoras – são permanentemente capacitados para inovar nos três campos de conhecimento que apresentamos. A capacitação traz confiança em suas capacidades e estas, por sua vez, proporcionam inovação. Em sua autobiografia, *Sem Limites*, escrita em parceria com Alan Abrahamson, o nadador americano Michael Phelps, detentor de 28 medalhas olímpicas, 23 delas de ouro, narra um episódio em que seu treinador, certa noite, lhe deu um comando diferente. O técnico apagaria todas as luzes do ginásio e Phelps teria que nadar a distância combinada no mesmo tempo que o habitual. O atleta não conseguiu na primeira vez, mas entendeu o valor do exercício e passou a praticar com óculos de natação pintados de preto com caneta marca-texto, para desenvolver a intuição. Tempos depois, na Olimpíada de Pequim, em 2008, Phelps teve um problema com os óculos, que se encheram de água durante a final dos 200 metros borboleta. Ele estava preparado. Fechou os olhos e não apenas venceu a competição, como ainda quebrou o recorde mundial da prova.

CAPACITE AS PESSOAS PARA INOVAR

Por fim, a capacitação permanente e ampla é uma poderosa arma para tornar empresas comuns muito mais inovadoras. No entanto, não basta que apenas uma dezena de pessoas saiba aplicar esses conteúdos. São necessários programas robustos de capacitação, bem como esforço estruturado e permanente envolvendo todo o quadro de profissionais, para que a inovação nasça e se desenvolva repetidamente. Essa é a verdadeira receita das organizações inovadoras, de Roma às empresas do nosso tempo.

A capacitação para inovação na Embraer

Em julho do 2018, pelo terceiro ano consecutivo, a Embraer conquistou a liderança do *ranking* das 150 empresas mais inovadoras do país, elaborado em conjunto pelo anuário *Valor Inovação Brasil* e pela Strategy&, braço estratégico da consultoria PwC. Mais uma vez, especialistas e o mercado reconheciam a cultura e o ambiente inovadores da fabricante brasileira de aviões. Não é para menos: a Embraer investe 10% de seu faturamento em P&D, segundo o jornal *Valor Econômico*. Cerca de metade da receita atual da companhia advém de produtos e serviços criados nos últimos cinco anos.

Completando 50 anos, desde a fundação a Embraer teve a inovação em seu DNA. No entanto, em 2010, decidiu realizar um diagnóstico corajoso e radiografar seu estágio de avanço e estruturação em gestão da inovação naquele momento. Os resultados desse raio X, capitaneado pelas áreas de engenharia e tecnologia e apresentado a toda a empresa em 2011, indicavam a necessidade de "espalhar" o DNA inovador para outras áreas, notadamente para além dos produtos, ou seja, os aviões. "Chegamos à conclusão de que era interessante criar um programa que assegurasse a presença da inovação em todos os níveis da empresa e em todas as áreas", explicou Sandro Valeri, diretor de Estratégia de Inovação, em entrevista aos autores.

Foi assim que em 2011 nasceu o Departamento de Inovação da Embraer e, com ele, o programa Innova, baseado nos princípios de oferecer tempo, recurso e capacitação para inovar. Dentre os pilares do Innova, destacamos um que foi vital para tudo o que veio a seguir: a capacitação para inovar. Como os romanos dois milênios antes, os executivos da organização concebida sob o comando do engenheiro aeronáutico Ozires Silva, entre um grupo de luminares, sabiam que

CAPACITE AS PESSOAS PARA INOVAR

(Croqui do EX Veículo voador – Embraer)

a inovação os levaria ao futuro e que, para que isso acontecesse, teriam que capacitar mais pessoas inovadoras.

A aceleração das mudanças do século XXI transformou a capacitação em condição de sobrevivência para empresas que atuam em ramos altamente tecnológicos, como a Embraer – um ponto claríssimo para as gestões que se sucederam. O crescimento da organização multiplicou esse desafio para os atuais gestores: como educar os cerca de 18 mil funcionários e avivar neles – e, por consequência, na empresa – a chama da inovação? Como assegurar o fortalecimento de uma cultura organizacional favorável à inovação e institucionalizá-la em todos os níveis? O Innova tinha respostas. Logo de início, a fábrica de São José dos Campos (SP) ganhou o primeiro Espaço Innova, moderno e acolhedor, onde passaram a ocorrer as reuniões e os treinamentos que dizem respeito à inovação. Um curso *on-line* foi oferecido a todos os funcionários e cumprido por cerca de 15 mil deles – uma adesão extraordinária. Simultaneamente, cerca de 300 gestores e intraempreendedores recebiam uma formação presencial que consistia em capacitação prática de 40 horas de duração, realizada em parceria com a consultoria especializada Pieracciani. Em 2012, parte deles também fez uma visita técnica a empresas do Vale do Silício para obter novos referenciais, em especial no que dizia respeito à conexão com *startups*. Quando da redação deste livro, Sandro Valeri pontuava que o Innova estava mais vivo do que nunca. "Consolidou-se e entrou no código genético da Embraer", afirmou.

Desses poderosos movimentos internos, que foram fortalecendo a cultura da inovação, derivaram outros programas. Um deles, o Green Light, nasceu da capacitação prática dos líderes e dos projetos que emergiram nessa fase. Os funcionários que haviam desenvolvido bons projetos inovadores em casos reais ganharam a oportunidade de apresentá-los a uma banca ao final do processo. Se essa banca desse o "sinal verde" (que dá nome ao programa), os envolvidos no projeto aprovado passariam a ter de 20% a 100% de tempo livre e recursos para trabalhar especificamente naquelas inovações. Aperfeiçoado ao longo dos anos, o Green Light hoje consolidou-se e ocorre independentemente das sessões de capacitação. Os profissionais envolvidos trabalham em um espaço de *cowork* com características de aceleradora, especialmente criado para esse fim.

Outro programa com expressivo sucesso e adesão é o Desafio Innova, por meio do qual a Embraer convida seus funcionários a buscar soluções para seus desafios estratégicos de inovação, os chamados Verticais de Inovação. As equipes são capacitadas por meio de palestras sobre o tema e desafiadas a propor soluções, que por fim são apresentadas ao Green Light. Isso traz a capacitação para os temas estratégicos da empresa e movimenta as pessoas para a construção do futuro desejado. Um exemplo foi o desafio no vertical de inteligência artificial (IA). A IA foi incorporada fortemente após uma capacitação que consistiu em um dia inteiro de palestras com empresas do Brasil e dos Estados Unidos que desenvolvem *machine learning e deep learning*. "Desde então, temos dezenas de *green lights* andando com IA", afirma o diretor de inovação.

Entre 2015 e 2016, com o mundo pisando fundo no acelerador da inovação, sofisticou-se a formatação dos desafios, que ganharam um viés disruptivo e alinhado com as próprias raízes da empresa. Isso acabou por desencadear a criação da Embraer X, divisão de negócios disruptivos com sede em Melbourne, na Flórida, e *outposts* no próprio Vale do Silício e em Boston – nos Estados Unidos. No ano passado, a Embraer X apresentou o conceito de veículo elétrico de decolagem e pouso vertical, conhecido pela sigla inglesa de eVTOL, um empreendimento em parceria com a Uber e outras empresas – porém, com a maior parte da engenharia feita no Brasil. Também passou a acolher *startups* dentro do Innova, integrando-as aos processos da organização. Desde o início, já avaliou quatro mil *startups*, realizou 23 provas de conceito e efetivamente contratou cinco empresas como fornecedoras da Embraer.

Cada novo ciclo de capacitação massiva prepara a empresa para novos desafios. Os mais recentes são no campo exponencial, após trocas entre os gestores da Embraer e os pesquisadores do Massachusetts Institute of Technology (MIT).

Hoje, na Embraer, há um Espaço Innova nas principais plantas. O portal interno do programa Innova tem dois mil visitantes únicos mensais, o que proporciona um contato permanente com conteúdos e capacitação e demonstra o comprometimento das equipes com o tema inovação. O Green Light avalia anualmente cerca de 100 propostas, das quais 25% chegam à última etapa do funil. Desde sua criação, nove inovações já foram implantadas, 64 estão no *pipeline* aguardando a vez e sete possuem patentes – a etapa máxima de um processo de inovação. Fiel à proposta de também inovar para além dos produtos, ou seja, "fora da aeronave", as soluções que emergem do Green Light são diversificadas: tem robô, *software* de inteligência artificial para engenharia, serviços de bordo com IA, banco de avião sustentável e muito mais.

Outro resultado do foco em capacitação intensiva na empresa foi a potencialização do programa Boa Ideia, que tem mais de 30 anos de existência, por meio do qual a Embraer convida seus funcionários a buscar soluções de inovação incremental e melhoria contínua. Tais soluções são igualmente importantes e dirigidas a desafios reais do chão de fábrica e das áreas administrativas, como reduzir o consumo de materiais na produção, melhorar o impacto ambiental na operação, assegurar menor consumo de combustível das aeronaves e outros tantos casos de sucesso.

A meta da empresa é ambiciosa: a Embraer deseja perder o controle do programa. Afinal, avalia-se o trabalho de um gestor da área de inovação da mesma forma que se analisa quão bom foi um pai; ambos – pai e o gestor de inovação – terão desempenhado bem seu papel quando comprovadamente se tornarem desnecessários. É sinal inequívoco de que a independência (no caso paterno) e a inovação estarão institucionalizadas.

É a melhor notícia para uma companhia que fez do inovar a sua razão de existir. E parece muito perto de acontecer, preparando a Embraer para os próximos 50 anos.

IMPÉRIO DA INOVAÇÃO

MELHORE O QUE
JÁ FAZ E CRIE O NOVO

MELHORE O QUE JÁ FAZ E CRIE O NOVO

Hoje melhores que ontem e amanhã, melhores que hoje. Não se sabe ao certo se essa filosofia surgiu no exército romano ou se remonta aos samurais, os valentes guerreiros japoneses que defendiam os senhores feudais do Japão arcaico. Em sua essência está a crença de que é possível evoluir o tempo todo, pensar diferente, mudar o que está diante de nós; mais até: de que a realidade não é o que aparece para nós, mas sim aquilo que seremos capazes de realizar. Melhorar dia após dia, elevar o desempenho, pensar e realizar diferente. E, assim, tornar-se relevante e fazer diferença. Esse era o pensamento que movia os romanos, e continua sendo, identicamente, a força e a maneira de pensar dos gestores de inovação do nosso tempo. O inovador alimenta uma certa insatisfação interna permanente e busca a superação dos limites que se colocam à sua frente. Desafia a realidade, a forma como as coisas são feitas e busca o novo o tempo todo. "Não procuro dançar melhor do que ninguém. Procuro dançar melhor do que eu mesmo." Esta frase do bailarino russo Mikhail Baryshnikov sintetiza bem a forma de pensar dos inovadores.

Mas tal percepção não é suficiente. A forte característica comum entre romanos e gestores de inovação é esta: ter método, coragem e disciplina para, de fato, provocar a transformação. Para mudar esquemas, experimentar alternativas, arriscar, interferir no funcionamento e na dinâmica do que há à nossa volta. Desejar mais e atuar para atingir esses novos limites.

A evolução extraordinária da máquina de guerra romana, a mais organizada, bem armada e eficaz do mundo antigo, é o melhor exemplo da força e dos resultados desse modo de pensar e agir. Essa evolução foi fruto de experimentação contínua, tanto em tempos de paz quanto de guerra. O pilo, típica arma de lançamento dos legionários e uma das mais letais de seu tempo, projetado para penetrar escudos e armaduras dos adversários; o gládio, a espada romana que empresta seu nome aos gladiadores; o escudo típico retangular, com o umbo no centro; o capacete inconfundível, com proteção para as bochechas, rolo de pescoço estendido e uma crista na parte superior; a *lorica segmentata*, armadura "blindada" que só podia ser atravessada por picaretas (há indícios de que tenha sido desenvolvida pelos gladiadores, muitos dos quais eram prisioneiros de guerra, escolhidos para as lutas por seu porte atlético e beligerância). Com o tempo, os romanos copiaram e aprimoraram a vestimenta – afinal, os espetáculos com gladiadores não se prestavam apenas a entreter o povo, mas também a experimentar novas armas, armaduras e técnicas de combate. Eram verdadeiros laboratórios de inovação a céu aberto e em condições reais de prova. As engenhosas máquinas de assalto e cerco – nada disso foi concebido a portas fechadas, com base em estudos acadêmicos. Foi resultado de um processo que envolveu aprendizado inicial e, então, experimentação contínua, nos mais variados campos de batalha e contra os mais diferentes exércitos e formas de luta. Isso levou a melhorias constantes em termos de eficácia. O mesmo ocorreu com a composição do exército, sua implantação e deslocamento em batalha, as táticas de defesa e ataque. As diversas disposições de tropa – em círculo, xadrez, cunha, por exemplo – de acordo com a necessidade não foram mais do que resultado de experimentação contínua, muitas vezes sob condições terríveis.

AS DUAS DIMENSÕES DO NOVO

Da mesma forma que no *mindset* dos romanos, essa orientação para a permanente superação está enraizada na maneira de pensar e agir dos inovadores de hoje e se manifesta em duas principais dimensões. A primeira consiste em procurar melhorar sensivelmente o que já se faz hoje; em outras palavras, os processos estabelecidos e os níveis de desempenho atingidos. Fazer melhor, mais rápido e mais barato é um jeito genuíno de inovar. A segunda, ainda mais importante e impactante do que a primeira, é a dimensão do novo. Repensar inteira e profundamente a forma como alcançamos o objetivo final de gerar valor ao cliente, ou quem quer que se beneficiará do trabalho que executamos. Conceber modelos de negócios, produtos, processos ou gestão radicalmente novos baseando-nos, para isso, em novas tecnologias ou em lacunas que enxergamos no mercado, ocasionadas pelas recentes e aceleradas mudanças socioculturais que têm marcado o nosso tempo.

Antes de dar um passo, um simples passo, os inovadores, assim como os romanos no passado, perguntam-se automaticamente: eu poderia dar esse passo de uma maneira diferente? Há algo de melhor que poderia ser feito aqui? Existe uma forma de chegar aos mesmos resultados, ou a resultados superiores, operando melhor, com menos recursos ou mais rapidamente? A resposta para os inovadores é, na maior parte das vezes, sim! Mesmo quando for negativa, há imensas possibilidades de que se chegue a um sim. Explico: entre um sim e um não, na cabeça de um inovador existe sempre o *talvez*. E a resposta ao talvez é a *experimentação*. O inovador aceita o não somente depois de experimentar diversas vezes e de diferentes formas. Sendo assim, boa parte da sua energia e de seu tempo são investidos em tentativas. Daí a importância da capacitação no trabalho dos inovadores. As ferramentas, os métodos e conteúdo descritos no capítulo Capacite as pessoas para inovar *(ver página 98)* são a base para operar com sucesso esses ciclos de mudanças provocadas na realidade.

A força de inovar, essa insatisfação permanente viva na alma dos gestores de inovação de hoje, é a mesma que impulsionava os romanos a conquistar e mudar o mundo. É essa a energia que move os inovadores a produzir indiferentemente as inovações menores do dia a dia e as radicais, que revolucionam e criam novos mercados, numa espécie de ímpeto de fugir o tempo todo do que seria previsível. "Não é a mais forte das espécies que sobrevive, e sim a mais adaptável à mudança", lembra-nos Charles Darwin.

No que se refere à primeira dimensão, melhorar sensivelmente os processos consolidados e o desempenho já atingido, a Toyota é um excelente exemplo dos resultados. A fabricante japonesa de automóveis conquistou o posto de maior *player* e campeã de vendas de veículos do mundo com um robusto e permanente aprimoramento de seus processos de produção e de seus produtos. No Corolla, o carro mais vendido da história, cerca de dois milhões de unidades à frente do segundo colocado, não se constatou em nenhum momento de sua trajetória uma mudança radical ou um salto de inovação. Pequenas e constantes melhorias foram sendo incorporadas ao veículo, tornando-o cada vez mais rentável para a montadora e progressivamente mais adequado às necessidades do consumidor.

Na indústria da aviação, mais especificamente na fabricação de aeronaves, é difícil promover mudanças radicais. Operar de modo totalmente diferente. No entanto, a Embraer, a admirada empresa brasileira de aeronaves, baseia seus projetos de incentivo à inovação e incremento da competitividade em um forte e permanente programa de melhorias contínuas. Algumas aparentemente pequenas, capazes de gerar ganhos, por exemplo, na terceira, quarta casa decimal no consumo de combustível, mas que provocam grande impacto para uma companhia aérea e são, portanto, determinantes para diferenciar suas aeronaves. Essa capacidade de inovação da Embraer é um dos fatores que coloca o Brasil no seleto grupo de seis países que constroem aviões no mundo. André Luiz da Silva, um dos profissionais campeões de ideias na empresa, coloca em prática no seu dia a dia essa postura de melhorar o entorno; graças a ela, André atingiu a fantástica marca de mais de 400 ideias sugeridas e 200 implantadas desde o início do programa.

Todos nós, na verdade, temos essa capacidade. Nascemos com ela. O tempo e as amarras sociais e profissionais muitas vezes fazem com que se perca. No entanto, podemos dar vazão a esse potencial quando, à maneira dos romanos, assumimos uma postura mental de fazer melhor. Um bom exemplo é o próprio pilo, a arma de lançamento que conseguia perfurar escudos; consistia essencialmente em uma vara de madeira de diâmetro confortável para lançamento à qual se articulava uma haste fina de aço temperado, terminando com uma ponta em formato de pirâmide. Mesmo quando ela já era excelente, tornou-se ainda mais relevante para a vitória graças ao cônsul Caio Mário, que, após constatar que os inimigos apoderavam-se do armamento e o usavam contra as hostes romanas, determinou a substituição de um dos rebites de aço por um pino de madeira. Esse pino quebrava-se no impacto com os escudos e inutilizava a arma – diferentemente do anterior, que era muito resistente. Mais tarde, Júlio César teve outra ideia para aprimorar essa arma, garantindo definitivamente que ela não seria "reciclada" pelos adversários: passou a fabricar a haste de metal não mais com aço temperado, e sim com aço macio, deformável ao impacto.

Como se vê, os romanos estavam o tempo todo pensando em como poderiam melhorar o que já faziam bem. Nunca se davam por satisfeitos, e essa ânsia pela melhoria contínua, quando não pela própria disrupção, está na essência de suas vitórias.

A INOVAÇÃO RADICAL E COMO ALCANÇÁ-LA

Em um mundo no qual os hábitos das pessoas estão se transformando em alta velocidade, novas formas de pensar despontam a cada momento. Vivemos na era dos nanossegundos, em que o tempo passa a ser medido em frações de 10^9 segundos. Nesse cenário, apenas melhorar a realidade na qual vivemos deixou de ser suficiente. A expectativa gira em torno de saltos de desempenho; da oferta de novas emoções; e do surgimento de inovações que impactem verdadeiramente a vida das pessoas para melhor. Busca-se a inovação em sua forma mais radical, disruptiva. Produtos, serviços e negócios que não tenham nada a ver com o que fazíamos até então mas que, sim, nos tragam uma qualidade de vida superior. É por esse motivo que os inovadores buscam com grande insistência re-conceber inteiramente, em vez de simplesmente melhorar, os produtos, serviços, processos e, notadamente, negócios.

Percebemos uma série de movimentos, aparentemente frenéticos, dos pesquisadores e estudiosos, das corporações e dos empreendedores em busca do radicalmente novo. Essa "onda" pode, ao nosso ver, ser analisada sob três aspectos principais no que diz respeito à forma de obtenção das mais representativas inovações disruptivas:

1) O movimento das *startups* em todo o mundo;
2) Os avanços rápidos e consistentes da tecnologia e da ciência;
3) Por fim, mas não menos impactante, as mudanças socioculturais e os "espaços em branco" que elas criam para a inovação no campo das emoções que, anteriormente neste livro, classificamos como inovação de significado. Explicamos a seguir cada uma das três dinâmicas às quais nos referimos.

As startups. Em primeiro lugar, olhemos para a miríade de *startups* que nascem e morrem todos os dia no Brasil e no mundo. Grande parte delas são de base tecnológica, ou seja, fundamentam-se no uso intensivo de novas tecnologias, são criadas por talentosos profissionais (nem sempre jovens, diferentemente do que muitas vezes se afirma) e nascem para entregar valor às pessoas melhorando suas vidas. Analisemos, por exemplo, as *fintechs*, *startups* tecnológicas na área das finanças, as *insuretechs*, de seguros, as *foodtechs*, de alimentos, e muitas outras. Empresas e novas formas de "fazer" bancos, seguros e comida nascem prometendo mudar o mundo. De outro lado, temos as corporações. Quanto maiores, mais forte é sua luta por continuar produzindo e entregando, por *compliance*, segurança e, em especial, por aumento dos volumes, o que lhes garantirá mais diretamente a valorização de suas ações.

No espaço que se abre entre esses dois tipos de *players* claramente dicotômicos desenvolveu-se nos últimos anos a disciplina e os programas de engajamento entre *startups* e corporações. Em inglês, CSE, sigla para Corporate Startups Engagement. De fato, faz todo o sentido que se procure combinar a velocidade e a capacidade de criar inovação disruptiva que é característica das *startups* com a força e a capacidade de investimento, de experimentação e de inserção de soluções no mercado que têm as grandes corporações. Olhando-se do lado das organizações, o movimento é uma ótima forma de aproximar-se do pulsante ecossistema de inovação e acompanhar (para não dizer espionar) o que vem de novo por aí e pode ameaçar diretamente essas grandes empresas.

Sem entrar muito no detalhe dessa nova forma de acelerar inovação, que mereceria, sozinha, um livro inteiro, registremos aqui a primeira modalidade de realização de inovação disruptiva que as empresas vêm escolhendo e realizando com algum sucesso.

A tecnologia. A segunda modalidade para se chegar à inovação radical diz respeito à tecnologia. Referimo-nos mais especificamente aqui ao tradicional P&D em bases tecnológicas. A novos materiais, moléculas, processos e equipamentos para a produção e novos sistemas que combinam tudo isso. Aqui, as organizações intensificam a forma tradicional de destacar-se nas arenas competitivas atuando nas fronteiras da vanguarda no que se refere ao avanço tecnológico. Nessa modalidade, a velocidade se traduz em sair na frente identificando e experimentando soluções antes da concorrência. É preciso ter capacidade de investimento e um canal funcional de conexão com a academia e o mundo da ciência. As organizações líderes nesse tipo de inovação exercitam permanentemente a prospecção tecnológica e identificam de modo competente as descobertas e tecnologias que as colocarão adiante. Estruturaram-se para encontrar as soluções, contatar e engajar os cientistas que estão trabalhando nelas e para incorporá-las de maneira assertiva nas várias etapas desse processo.

Os romanos eram maravilhosos na concepção e implementação de novas tecnologias e utilizavam-nas para produzir inovação radical da melhor qualidade. Uma delas foi certamente o concreto, ainda hoje inimitável. No ano 79, em sua obra *Naturalis Historia*, Plínio, *o Velho* escreveu que as estruturas de concreto dos portos construídos pelos romanos tornavam-se "mais fortes e resistentes a cada dia", mesmo expostas à ação constante das ondas do mar. Aliás, *justamente* por causa das ondas: sabe-se hoje que o concreto romano empregado nessas obras misturava argamassa, tufo, água e cinzas vulcânicas; a água do mar, em contato com esse material, produzia uma reação química da qual resultavam compostos ricos em sílica, os quais fortaleciam a cimentação e aumentavam a resistência do concreto. Hoje, pesquisadores da Universidade de Utah, nos Estados Unidos, tentam replicar a composição do concreto romano a ser usado em futuras construções marítimas e também para explorar a energia das marés. O cimento Portland, utilizado em represas e usinas marítimas, é feito em fornos de alta temperatura que introduzem uma alta quantidade de gás carbônico na atmosfera; além disso, está sujeito a desmoronar depois de algumas décadas. O concreto romano, por outro lado, tinha um impacto ambiental menor e não estava sujeito a rachaduras com o passar do tempo.

A inovação de significado. Há ainda uma terceira forma de produzir vantagem competitiva e sair na frente no que se refere à produção de inovação substancial: a compreensão das emoções que conectam as pessoas aos produtos e soluções que elas compram, e o preenchimento das lacunas que usualmente se abrem nesse território. As mudanças nas dimensões culturais, sociológicas e na vida das pessoas têm produzido uma série de oportunidades para criar inovações com forte significado e que, por esse motivo, apaixonam.

Nesse caso, não se trata de identificar problemas que as pessoas tenham e criar soluções que os resolvam. Não estamos falando de desempenho, mesmo que este seja radicalmente amplificado. Como afirma o professor Roberto Verganti, professor de Liderança e Inovação na Escola de Negócios do Politecnico de Milano, as pessoas não são sacos de problemas ambulantes e a inovação não existe para resolver questões de performance; a inovação serve para conectar pessoas com seus propósitos. Em seu livro mais recente, *Overcrowded*[1], Verganti explica em detalhes a metodologia aplicada para gerar esse tipo de inovação radical. Cita, por exemplo, a indústria das velas; se pensarmos apenas na função do produto (iluminar quando há falta de luz), elas já teriam sido banidas do mundo dos negócios há muito tempo, quando nossos celulares se transformaram em lanternas. No entanto, nunca tantas velas foram vendidas no mundo quanto hoje. Elas simplesmente ganharam novos significados, convertendo-se em presente sofisticado, acompanhando um jantar romântico ou perfumando ambientes. Diferentemente das outras duas modalidades, esse tipo de inovação radical surge de dentro para fora. Tem origem em percepções de pessoas das empresas, que vivem o dia a dia dos produtos, conhecem suas histórias e a relação que as pessoas que os compram estabelecem com eles. Esses líderes conseguem trabalhar a ideia certa, identificando-a em meio às outras, refinando-a em seguidos ciclos e transformando-a em produtos, serviços e soluções vencedoras. Essa é a história da

---

1. VERGANTI, Roberto. Overcrowded – Desenvolvendo produtos com significado em um mundo repleto de ideias. Editora Canal Certo: São Paulo, 2019.

Apple e de Steve Jobs *versus* a Nokia. Jobs criou o poderoso significado de acoplar nossas vidas ao telefone, acrescentando a ele uma série de soluções tecnológicas que outras empresas, como a Nokia, já tinham. É o caso também do renascimento da Alfa Romeo com o carro 4C: um esportivo de verdade, sem nada de luxo e a um preço acessível. Há, enfim, diversos casos de inovação de significado que assumiram proporções de radicalidade e ocuparam a mente e o coração dos clientes.

ZAP E EWALLY: MELHORANDO A VIDA DAS PESSOAS

Nos dias de hoje, milhares de inovadores produzem inovação radical criando *startups*, aplicando novas tecnologias ou mesmo gerando de dentro para fora novos significados, chegando assim a soluções, tecnologias e aplicativos para facilitar a vida das pessoas. Na Roma antiga, esse mesmo impulso fazia o Império crescer e ganhar competitividade.

Vale lembrar que a expansão progressiva de Roma e o contato direto com as culturas e o conhecimento de outros povos, que iam da Grécia e Oriente Médio à Espanha, ao Egito e norte da Europa, produziram uma troca de conhecimentos técnicos, científicos e literários que nunca havia ocorrido antes na área do Mediterrâneo. Além disso, o sistema extraordinário de logística rodoviária e portuária desenvolvido por Roma para facilitar o movimento de exércitos e mercadorias criou uma densa rede de canais de comunicação, na qual o conhecimento e a experiência podiam circular com relativa facilidade.

A elite romana, composta por senadores, generais e administradores foi, em geral, muito favorável à aquisição, preservação e divulgação de novos conhecimentos e receptiva às novas tendências. No período imperial, os inventores costumavam apresentar suas criações ao imperador, que os premiava com benefícios proporcionais aos lucros que seus inventos poderiam acrescentar à grandeza de Roma. A esse respeito, assim relata o historiador Suetônio sobre o imperador Tito Flávio Vespasiano, que governou entre os anos 69 e 79:

> *"Ele foi o primeiro a alocar, com base nas autoridades fiscais, uma pensão anual de 100 mil sestércios para cada um dos retóricos latinos e gregos; recompensou os poetas mais ilustres com doações e salários ricos, bem como os artistas, como o restaurador da Vênus de Coo e também o do Colosso; e ofereceu um prêmio considerável pelo projeto a um engenheiro que assegurou poder transportar no Capitólio, com pouca despesa, algumas colunas enormes (...)."*

A inovação era o subtexto desses incentivos, da mesma forma que mobiliza os "startapeiros" de nosso tempo. Em 2001, o empreendedor Eduardo Gama Schaeffer percebeu que, graças à tecnologia, o mundo dos anúncios de imóveis iria mudar – e não demoraria muito para isso acontecer. Eram tempos em que jornais dominicais circulavam com grossos cadernos de ofertas imobiliárias; naquele instante, parecia improvável que a ideia de Eduardo – construir uma plataforma tecnológica na qual seria possível procurar imóveis no eixo Rio-São Paulo, a princípio considerando características como bairro, metragem e preço – se transformasse em um sucesso, mas ele bancou seu sonho e criou o Zap Imóveis. A empresa cresceu rapidamente, comprando negócios menores e investindo em inteligência de mercado, qualificando-se para avaliar o custo do metro quadrado em cada região de São Paulo e até mesmo a influência de eventos externos – como a construção de uma estação de metrô, por exemplo – sobre os preços dos imóveis. Despertou o interesse do Grupo Globo, que fez uma oferta e acabou por adquirir o negócio. Em 2009, o segmento inventado por Schaeffer ganhou um concorrente menor, porém expressivo e – o melhor – que nasceu sem os problemas que o

Zap tinha enfrentado ao desbravar o mercado; com uma plataforma ágil, moderna e mais interativa, o VivaReal começou a incomodar a concorrência, até que, em 2017, as duas empresas se fundiram. Nascia o grupo Zap VivaReal, com injeção de capital de fundos de investimento estrangeiros, mais de 1000 funcionários e uma carteira de imóveis abrangendo cerca de 2 mil cidades. A saga da fundação e, posteriormente, da fusão das duas empresas é reveladora do instinto humano de fazer melhor; é isso que explica o fato de duas empresas vencedoras se unirem em uma terceira maior e mais potente.

Da mesma maneira, André Cunha, um brilhante engenheiro formado pelo Instituto Tecnológico da Aeronáutica (ITA), percebeu que pessoas simples e sem contas em bancos precisavam enviar pequenas quantias a parentes e realizar pagamentos; porém, para essas pessoas, que não são clientes de instituições bancárias, o dinheiro vivo acabou por se tornar cada vez mais problema e menos solução. Imagine uma faxineira, por exemplo, que desejasse enviar a um parente de outro estado a quantia de 50 reais; sem ter conta em banco, teria que pedir a alguém que o fizesse, e que provavelmente cobraria algo dela além dos altos custos de uma transferência bancária. Para atender a esse público, André criou a ewally, um sistema de pagamentos e transferência pelo celular que possibilita realizar todo tipo de transação que um banco faria, sem a necessidade de uma conta corrente.

São inúmeros os casos nos quais o motor da inovação entrou em funcionamento e a vida das pessoas melhorou.

Esses diferentes tipos de inovações, as incrementais e as radicais, geradas por conexão com as *startups*, pelas novas tecnologias ou por novos significados, vêm, felizmente, inundando o mundo com modelos de negócios diferentes e produtos e serviços encantadores. A sensação que temos é de uma verdadeira revolução. Não cremos que tenha sido muito diferente na Roma antiga e quando uma nova província era incorporada. Novos meios de trabalho, tecnologias e soluções mudavam a vida das pessoas.

INOVAÇÕES INESGOTÁVEIS

As possibilidades de inovação são diretamente proporcionais à disposição e à força de pensar diferente, portanto infinitas. A era em que vivemos, em meio a uma verdadeira avalanche de inovações, nos dá a falsa ideia de que poderia haver, em algum momento, um esgotamento; uma redução no volume e ritmo das inovações após a "tempestade". Mas não é assim. Seremos mais e mais inovadores porque faz parte da nossa natureza humana planejar, buscar e promover permanentes melhorias.

No livro 1 de *O Capital*, o teórico Karl Marx afirma que mesmo o pior tecelão é capaz de tecer uma teia melhor do que a mais habilidosa aranha. Inicialmente custamos a compreender o sentido da frase. A aranha é uma tecelã intuitiva e natural. Ela cria sua teia orientada por milhões de anos de evolução de sua espécie. Como o pior tecelão, humano, poderia superá-la? À primeira vista parecia impossível... O tempo trouxe a resposta. O homem, diferentemente da aranha, primeiro concebe a teia em sua mente e só então começa a produzi-la. Ele não será rápido como a aranha, mas treinando, experimentando e se superando, com força e perseverança, conseguirá fazer uma teia melhor.

É essa capacidade de imaginar com antecipação o que queremos fazer, onde queremos chegar, a nossa capacidade de sonhar e realizar, que dá a nós, humanos, todo o poder que temos. O homem não é tão poderoso quanto o leão. Não é rápido como o gavião. É fraco se comparado a um elefante. Mas, mesmo assim, ele comanda a Terra. Comanda porque só ele tem a capacidade de inovar.

Trezentos anos antes de Cristo, o filósofo grego Aristóteles teve esse mesmo sentimento de ter sido atropelado pela inovação. Uma frase dele ficou célebre: "Agora que todos os bens para o conforto do homem foram inventados, só nos resta dedicarmo-nos ao espírito". Referia-se a ferramentas para agricultura que estavam acelerando os ciclos da terra, carros sobre rodas, trabalhos com metal e tantas outras "tecnologias de vanguarda" que haviam sido dominadas. Mal podia imaginar o filósofo grego o que estaria por vir nos milênios subsequentes.

São ilimitadas nossas capacidades de fazer melhor. De mudar para colocar o que fazemos em um estágio superior, mais desenvolvido. Esta postura, esse estado mental é a característica dos inovadores.

Eles sempre quebrarão os esquemas, tentarão fazer diferente, concorrerão consigo próprios para mudar o mundo e transformá-lo em um lugar melhor.

MELHORE O QUE JÁ FAZ E CRIE O NOVO

A melhoria contínua e a inovação radical no Grupo Cornélio Brennand

Tradicional família de empreendedores de Pernambuco, os irmãos Brennand já exibiam sua poderosa veia empreendedora em 1917, ano da fundação do primeiro negócio da família, o R.L. de Almeida Brennand & Irmão – Cerâmica São João. O fundador, Ricardo Lacerda Brennand, sempre pautou suas ações pelo que veio a chamar de princípios/leis dos Brennand: buscar negócios que precisem de tecnologia sofisticada, porque essa é a ferramenta imbatível para vencer a concorrência. Você ganha quando domina a melhor tecnologia. Desde muito cedo, portanto, o Grupo procurou focar nos melhores produtos e matérias-primas, tomando como *benchmark* as telhas desenvolvidas na França e Inglaterra – tanto que as telhas que fabricaram ficaram conhecidas como "telhas francesas". Mais tarde, em 1947, buscando inovar, Ricardo introduz novas tecnologias e produtos, potencializando negócios em outros mercados, com a Porcelana São João/ Porcelana Brennand.

Ao longo do século passado, os negócios originais deram lugar a novas divisões e novos empreendimentos que foram se sucedendo, em ciclos marcados pela coragem e pela busca da melhoria contínua que são clássicas dos inovadores. O Grupo Cornélio Brennand abriu de usinas de açúcar a empresas de geração de energia, passando por empreendimentos imobiliários, indústria de cimento e de vidros planos, entre outros. A definição atual no grupo para inovação é: *fazer melhor e criar o novo*. Uma frase aparentemente simples, mas de denso conteúdo. Fazer melhor e criar o novo refere-se às duas dimensões centrais e distintas, como evidenciamos, da inovação: a melhoria

IMPÉRIO DA INOVAÇÃO

contínua naquilo que fazemos hoje e o pensar a inovação radical, o novo, fazendo avançar os negócios de uma empresa.

Pensemos na primeira metade da frase, "fazer melhor". O verbo "fazer" é muito facilmente conectável ao dia a dia, e "fazer melhor" significa procurar realizar processos e tarefas mais rapidamente, com mais qualidade e menor custo. A Vivix, empresa de vidros planos do grupo, com fábrica localizada em Goiana, no estado de Pernambuco, é a mais moderna da América Latina. Seus processos de produção, a tecnologia empregada, as múltiplas soluções no campo da logística, das embalagens para o transporte dos vidros, entre outras soluções criadas pelos próprios profissionais do grupo, estão na vanguarda e refletem-se em altíssima qualidade e produtividade.

Atualmente, mais de um século após a fundação, o DNA da inovação continua presente e ainda se aplica a outros negócios do grupo, como a construção do primeiro hotel da luxuosa cadeia internacio-

1ª Geração Entre 1917 e 1954	2ª Geração Entre 1954 e 1994	3ª Geração A partir de 1994			
1917 Fundação do Grupo Brennand Cerâmica São João	**1958** Entrada no setor embalagens e utilidade de vidro	**2004** Entrada no setor de geração de energia	**2011** Fundação do Iron House Desenvolvimento Imobiliário	**2014** Início das operações da Cimento Bravo	**2017** Grupo completa 100 anos atuando em importantes setores da economia

(Linha do tempo – Grupo Cornélio Brennand)

nal Four Seasons em São Paulo, uma das mais recentes realizações. Ou ainda na forma de gerenciar a equipe de cerca de 750 profissionais, inovações de gestão, portanto, onde estão impressos traços da melhoria contínua.

A outra metade da frase, que tem duas palavras, "criar o novo", revela a energia do inovador e a vontade de atingir inovação radical que quebre paradigmas e coloque o grupo em posição de destaque não só no campo do reconhecimento da inovação, mas também de seus resultados. Essas quatro palavras, "fazer melhor, criar o novo", não são componentes antagônicas, como às vezes estudiosos de inovação tentam indicar; ao contrário, muitas vezes, melhorando o desempenho de produtos e processos que já existem conseguimos identificar oportunidades para os saltos qualitativos no campo da inovação radical.

O Grupo Cornélio Brennand vem promovendo um amplo programa de fortalecimento de sua capacidade de inovar envolvendo 100% de seus funcionários em uma mudança cultural de alta velocidade, implantando uma plataforma eletrônica para capturar e promover a inovação, capacitando suas lideranças e ajustando sua estrutura organizacional e de governança para refletir os elementos que compõem uma boa gestão da inovação. Incluiu a inovação entre os valores centrais corporativos que vêm pautando o trabalho ao longo de sua existência centenária, ao lado de outros, como excelência, dinamismo e integridade. Instituiu um Comitê de Cultura e Comunicação de modo a assegurar que esses valores, e as atitudes a eles correspondentes, estejam vivos e fluam por toda a organização. Durante visita nossa a uma das empresas de energia do grupo, os profissionais da equipe nos apresentaram orgulhosamente uma de suas melhorias impactantes, criadas no dia a dia em consonância com o espírito de fazer melhor sempre: um "poste dobrável". Isso mesmo, um poste serrado no meio e com dobradiça, que possibilita enorme economia de tempo e de dinheiro nos casos em que é necessário substituir algum equipamento danificado no alto dele. Nada de caminhão *munck*, espera e custos. Inovação genuína, marota, e na veia!

Ficou claro para nós que a melhoria contínua faz parte da rotina da liderança e dos profissionais em cada negócio do grupo. Uma busca incessante de desempenho crescente nas usinas geradoras de energia, as PCHs (pequenas centrais hidrelétricas), na fábrica de vidros planos e na gestão dos empreendimentos imobiliários, três principais áreas de atividade nas quais a atuação do grupo se concentra hoje.

IMPÉRIO DA INOVAÇÃO

REPENSE O MODELO DE GESTÃO PARA A INOVAÇÃO

REPENSE O MODELO DE GESTÃO PARA A INOVAÇÃO

O modelo de gestão e a capacidade de a empresa gerar inovação relevante estão intimamente relacionados. Entende-se como modelo de gestão a combinação de componentes como: estrutura de poder e decisões na empresa (organograma), divisão de áreas (arquitetura organizacional), macroprocessos e processos principais, métricas estabelecidas, instalações físicas, enfim, tudo o que diz respeito à organização, de maneira geral.

O modelo de gestão, dependendo de suas características, promove ou inibe a inovação. Por sua vez, a inovação, em especial quando se aplica à administração da empresa e de seus recursos, fortalece e melhora o modelo de gestão e o desempenho da organização. É fundamental, portanto, adaptar o modelo de gestão para que a inovação aconteça de maneira sistemática, contínua e sustentável. De outra forma, ela passa a ser um evento isolado, algo esporádico, se é que acontecerá. Sem um modelo de gestão estruturado para favorecê-la, passa-se a depender de talentos isolados e iniciativa e capacidade de alguns poucos na organização para que a inovação, em espasmos, ocorra. Há riscos até mesmo de que, caso ela se materialize, acabe se perdendo, natimorta ou incorporada por um concorrente mais bem estruturado.

Os romanos tinham plena consciência da importância da organização interna para que a inovação acontecesse. Basta ver o que escreveu o historiador e comandante militar judaico Flávio Josefo (séc.I) a respeito do modelo de gestão romano: *"sobre a sua organização militar, os romanos têm este grande império como recompensa por seu valor, não como uma dádiva da sorte"*.

Roma, como veremos a seguir, estruturou-se profundamente para fomentar e acolher a inovação. Em múltiplos aspectos, é possível fazer um paralelo entre as empresas símbolos de inovação da atualidade e soluções adotadas pelos romanos, mesmo tendo se passado mais de dois mil anos. A ideia de cooperação e ambiência, que é marca registrada dos *coworks* e centros de inovação nos dias de hoje, estava presente nas soluções de acampamentos romanos e até nos hospitais militares. Eles já conheciam e adotavam no campo da organização e da gestão várias das fórmulas presentes nos *hub-techs* de Israel hoje, ou no Vale do Silício e em outros arranjos para a inovação. Como veremos a seguir, é essencial propiciar às pessoas facilidade para interações e trabalho em equipes por meios dos espaços compartilhados. Dar-lhes poder de ação, empoderá-las para inovar com a criação de núcleos de ação. Organizar e tirar o máximo proveito das sugestões e ideias, maximizando a inteligência coletiva. Assegurar equipamentos e recursos para prototipar, experimentar e realizar.

Esses e outras componentes-chave dos modelos de gestão da inovação hoje em dia estavam presentes na organização romana, como veremos a seguir.

Mesmo assim, muitas empresas modernas ainda não aprenderam e hesitam em incorporar essas soluções. Por mais que desejem a inovação e saibam que precisam dela para manter-se vivas, a maior parte não está organizada para que a inovação de fato se dê. Modelos de gestão burocráticos, lentos, baseados em comando e controle; processos engessados, que se expressam por meio de *layouts* antiquados, com salas isoladas e mal-acondicionadas: essas são a dura realidade encontrada em muitas das empresas que nos chamam porque se interessaram em fazer a inovação acontecer e em usá-la como via para a competitividade. É o que vemos, por exemplo, em boa parte das organizações e em empresas públicas. Não há espaço nem estímulo a inovar e melhorar; com isso, o foco se desloca para o controle pelo controle.

Não é só no setor público que os modelos de gestão ignoram a inovação. Recentemente, fomos chamados por uma grande editora. A nova geração e os dirigentes profissionais estavam aflitos para implantar mudanças e inovações; no entanto, a forma de gerenciar a empresa havia parado no tempo e, por mais que a direção se esforçasse para criar o novo, as próprias engrenagens emperradas da organização acabavam por anular esses esforços. Fomos claros ao explicar que, sem mudanças concretas e profundas no modelo de gestão, sem compreender e aceitar que as mudanças devem começar no modo como a empresa está organizada para inovar, não surgiria espaço para o novo. No entendimento deles, por exemplo, a inovação deveria estar a cargo de uma única área e não da empresa como um todo – primeiro erro importante no campo da organização para a inovação. Não bastasse isso, elegeram como área responsável pelo estímulo à inovação a de Tecnologia da Informação (TI). O líder do setor deveria encontrar tempo e energia para, em meio a uma lista enorme de demandas, muitas urgentes, procurar meios para inovar, sozinho ou com sua modesta equipe. A alta administração se colocava, na visão deles, como um "cliente" dessas inovações. Como se dissesse: "Tragam-me as inovações. Eu avalio e decido". Não há nada mais desestimulante para equipes que querem inovar do que uma abordagem como essa. Mostramos a eles que as transformações dependeriam diretamente do engajamento da alta direção e apresentamos algumas alternativas de como poderiam construir, tijolo a tijolo, as condições para realizar as mudanças. Não vimos em nossos interlocutores muita esperança;

com 35 anos de experiência como consultores, logo deduzimos o que acontecerá com essa empresa no arco de, no máximo, um ano: evasão de talentos, crise financeira, fechamento.

NÚCLEOS DE AÇÃO E EMBAIXADORES

Estruturar-se para a inovação exige profundas adequações dos modelos de gestão, e organizações inovadoras têm instituído sistemas de governança que asseguram o avanço das mudanças. Esses sistemas preveem grupos de pessoas-chave cuja função precípua é garantir que as adequações aconteçam de verdade e que sejam ofertadas as condições para que a inovação se concretize e avance. Além disso, na maioria das vezes os espaços físicos são adaptados ou recriados para que as interações entre as pessoas sejam maximizadas. Ambientes abertos, mesões ou mesmo espaços de *cowork*, nos quais pessoas de fora possam trabalhar junto enriquecendo as soluções e ideias, "polinizando", como fazem as abelhas, têm sido adotados com sucesso. Esses mesmos princípios regiam as "organizações" romanas.

Nas empresas atuais, em muitos casos, um desses núcleos organizacionais é chamado de Comitê Superior de Inovação. Nele têm assento representantes da alta direção e profissionais com capacidade de decisão e ação relevante na área; por exemplo, os responsáveis por cada unidade de negócios, as lideranças dos setores de Pesquisa e Desenvolvimento, de Pessoas e Gestão (ou RH), de Estratégia, de Marketing e Vendas, dentre outros. O Comitê Superior de Inovação (ou dê-se a ele o nome que for) tratará das estratégias de inovação, tanto internas quanto de fora para dentro, no que se refere às conexões com o ecossistema de inovação; fazem parte desse ecossistema *startups*, universidades e centros de pesquisa. Esse núcleo tem o papel de coordenar as mudanças estratégicas necessárias para que a inovação aconteça sistematicamente. Tratará de assegurar que as definições-chave sejam estabelecidas e entendidas por todos na empresa.

Explicitar, por exemplo, o significado de inovação para a organização, as características do profissional inovador e os valores e atitudes desejadas constituem claramente o foco de trabalho desse grupo. De maneira geral, um Comitê Superior de Inovação tem no máximo dez integrantes e se reúne mensalmente.

Na Andrade Gutierrez, indiscutivelmente uma das empresas mais inovadoras do setor de engenharia e construção, o Comitê Superior de Inovação foi estruturado há pelo menos dez anos e tornou-se conhecido internamente como Comitê do PAGIT, sigla do Programa Andrade Gutierrez de Inovação Tecnológica. Além de coordenar diversos subprogramas internos voltados para a inovação, como o Programa de Incentivos Fiscais, o Comitê do PAGIT é o fórum onde são discutidas estratégias tecnológicas, ajustes na estrutura operacional para a inovação e outros componentes relevantes para que seja possível inovar progressivamente. Um dos recentes movimentos da construtora, que a projetou amplamente à frente de seus concorrentes, foi o Programa de Inovação Aberta da Andrade Gutierrez. A empresa partiu com determinação para a conexão direta com startups que pudessem impactar positivamente seus resultados nas obras. Terminou por estruturar e operar a própria aceleradora, a Vetor, hoje referência internacional não só entre os demais competidores como, o mais importante, entre as próprias startups.

Outro núcleo indispensável em uma empresa organizada para inovar é um Comitê de Cultura e Comunicação. Claro, pois a inovação pede mudanças culturais, e essas mudanças dependem diretamente de uma boa comunicação; portanto, é preciso haver um fórum que trabalhe justamente nisso. A empresa que almeja ser inovadora precisará de uma cultura mais aberta ao risco, ao erro como aprendizado; um ambiente que realmente coloque as pessoas em primeiro lugar. A cultura propícia à inovação terá que privilegiar flexibilidade e rapidez em detrimento de etapas burocráticas que não agreguem valor. Assim, será essencial que profissionais em posições de diretoria e gerência nas áreas de pessoas e comunicação, em parceria com representantes das unidades de negócio e das áreas-chave da empresa, constituam esse Comitê. Ele deve se reunir no mínimo uma vez a cada 20 dias e assegurar que os planos de comunicação avancem e saiam do papel. O Comitê pode também ser acionado a qualquer momento para solucionar questões específicas ligadas à cultura e à comunicação.

O engajamento efetivo da liderança é outro componente central para que a inovação aconteça e flua. Os líderes deverão ser treinados para atuar como aceleradores de mudanças e da inovação. Essa capacitação envolve aspectos técnicos, mas também comportamentais: é essencial para que saibam reconhecer, valorizar e potencializar a inovação.

Em um modelo de gestão focado em inovação, em especial se a empresa está em uma fase de potencialização da inovação, há também a figura dos embaixadores e dos times de ação. "Embaixadores" é uma das denominações possíveis para o grupo de profissionais que serão portadores das mudanças em suas áreas de atuação. São formadores de opinião, isto é, conseguem influenciar os grupos em que trabalham e as pessoas com quem se relacionam. Recomenda-se que seja um time formado por 5% a 10% do número total de funcionários e no qual estejam representadas todas as áreas da empresa. Preferivelmente, devem ser escolhidos pelos próprios colegas, em uma votação, por exemplo, mas é importantíssimo que, antes disso, haja uma comunicação detalhada de qual será seu papel e de como operarão na estrutura de gestão de inovação. Os embaixadores atuam diretamente como porta-vozes e, ao mesmo tempo, guardiões da cultura e da inovação. Eles se reportam funcionalmente ao Comitê de Cultura e Comunicação e são os *longa manus* desse grupo em toda a organização; podem e devem levar suas dificuldades e questões ao Comitê para que ele enderece soluções, mude procedimentos e comunique a toda a empresa as expectativas em relação a cada eventual episódio emblemático que venha a ocorrer, seja ele benéfico ou não. O Grupo Cornélio Brennand, um poderoso conglomerado de empresas nas áreas de vidros planos, empreendimentos imobiliários e energia, entre outros, e cujo caso descrevemos em mais detalhes no capítulo Melhores o que já faz e crie o novo *(ver página 116)*, vem empreendendo esforços para tornar-se cada vez mais inovador. Um dos primeiros passos no amplo espectro de mudanças que promoveu foi justamente criar um forte e capacitado time de embaixadores. São 50 profissionais, escolhidos por seus pares e subordinados; eles representam 100% das áreas do grupo, abrangendo as diversas unidades de negócios e todos os níveis hierárquicos. Uma verdadeira estrutura de mudanças, envolvendo desde vice-presidentes até funcionários da segurança e copeiras. Formam duplas e trios por área, compondo equipes verdadeiramente espetaculares quando analisados pelo prisma do engajamento com a transformação para a inovação.

O VALOR DAS PESSOAS

Talvez o leitor se pergunte: mas e a plataforma de captura de ideias de que tanto se fala como caminho para inovar? A existência de uma plataforma construída com essa finalidade, claro, é importante; no entanto, quem faz a inovação acontecer de verdade em qualquer empresa são as pessoas; é central a preocupação de como organizá-las para tal. Muitas organizações que buscam a inovação iniciam justamente com a criação da plataforma de geração de ideias, como se fosse o componente mais importante; algumas chegam até a acreditar que é o único. Portanto, é preciso frisar: a plataforma de geração, captura e seleção de ideias é um componente fundamental em qualquer modelo de gestão de empresa inovadora, mas não é ela quem inova; trata-se apenas de uma ferramenta. Um suporte operacional importante para a inovação.

Na maioria das vezes informatizadas, ela é a base do processo de captação em ampla escala da inovação. Esse macroprocesso cumpre a função de direcionar a geração de ideias e a inovação para os reais desafios que a empresa vive. Ao mesmo tempo, possibilita uma base ampla e democrática para a participação do maior número possível de funcionários no processo. Uma plataforma funcional abrange o macroprocesso desde o direcionamento a ser dado para a inovação por meio dos desafios a serem lançados, passa pela fase de criar o registro organizado das contribuições e alcança a implantação assegurando o reconhecimento dos autores. A ferramenta é usualmente alimentada com problemas reais e prioritários da empresa, em geral sob a coordenação do próprio Comitê Superior de Inovação. Possibilita-se assim que os profissionais da organização, sozinhos ou em pequenos grupos, contribuam com suas ideias para superar os desafios propostos. Essas contribuições são avaliadas por equipes que podem incluir embaixadores, líderes ou mesmo membros dos dois tipos de comitês que sugerimos anteriormente. Ao final, as propostas selecionadas evoluirão para projetos e para a implantação. O reconhecimento pode vir de várias formas, monetárias ou não.

É muito importante que, antes da implantação, seja muito bem estudado e divulgado um completo regulamento que explicite os passos do processo, indique como as ideias serão avaliadas e quem o fará. Todos têm que saber com clareza o que será considerado inovação e que tipo de ideia se espera, bem como as regras de reconhecimento ou recompensa. Será preciso esclarecer também que tipo de inovação se busca com o programa: se de produto, de processo, de gestão, de negócios; se radical ou incremental. Existem diversas soluções informatizadas prontas, com níveis variados de custo e sofisticação, que permitem trabalhar simultaneamente inovação incremental e radical. A primeira com desafios permanentes, como ampliar a produtividade em uma determinada linha de produção. A segunda focada em desafios específicos, que envolvam grau mais profundo de pesquisa e inovação, os quais podem ser lançados de tempos em tempos.

Por fim, chegamos ao último, mas talvez o mais importante dos componentes de uma organização voltada para a inovação: os grupos ou times de ação. Os times de ação são formados por profissionais diretamente ligados ao dia a dia de trabalho nas diversas áreas. Contam com o apoio constante dos embaixadores para compreender seu papel, evoluir na geração de ideias e participar ativa e diretamente da inovação. As ideias geradas e os projetos que delas derivarão precisam da paternidade e do engajamento das pessoas que fazem acontecer, e esse é um dos segredos da inovação efetiva. Com o envolvimento direto desses profissionais, espalhados em todos os níveis e por toda a empresa, atuando sozinhos ou em pequenos grupos de até seis componentes, a inovação alcançará toda a organização e a abrangência de realização necessária.

Em tudo isso, está refletido o modelo de gestão para a inovação. Dele, e da efetiva adequação da organização para a inovação, é que dependerá que ela aconteça e se esparja por toda a empresa.

POR DENTRO DOS PROCESSOS ROMANOS

A organização do Império Romano incorporava boa parte de tudo o que uma empresa do nosso tempo desejaria para abraçar e promover a inovação em todas as instâncias e em todos os processos.

Os romanos não eram um povo com poderes especiais, diferente dos seus contemporâneos. Na verdade, muitas vezes tinham que enfrentar condições desfavoráveis. Em termos de porte físico, um dos atributos mais importantes à época para o êxito nas guerras e vantagem nos enfrentamentos corporais diretos, eles não tinham, por exemplo, a altura e a força dos alemães ou dos celtas; no entanto, governaram durante séculos os povos alemães, estendendo suas fronteiras até o rio Reno e mesmo ao norte, rumo ao rio Elba. Venceram os celtas em revanche e recuperaram-se amplamente da dura humilhação e dos saques sofridos em 390 a.C., e suas vitórias espetaculares os levaram a ocupar todos os territórios que originalmente pertenciam ao inimigo. Dominaram não só o norte da Itália, mas também a Gália (atual França, Bélgica, Luxemburgo, Suíça e porção ocidental da Alemanha), a Hispânia (Espanha) e a Britânia (Inglaterra), até as fronteiras com a atual Escócia. Derrotaram ainda povos conterrâneos célebres por sua garra nas batalhas, como os etruscos, que dominaram o território romano até o fim do século VI a.C.. Subjugaram os úmbrios, considerados o povo mais antigo da Itália; os marsi, descritos como *homens orgulhosos e independentes, providos de virtudes guerreiras* e cujo nome vem de Marte (Mars), o deus da guerra. Venceram os latinos nas guerras pelo domínio da região do Lácio, e os sabinos, que na época competiam com Roma pela hegemonia no centro e no sul da Itália; contra estes últimos, o confronto durou mais de meio século, entre períodos de luta e trégua. Consta que os romanos aprenderam muito com esse povo a respeito da disposição do exército em batalha e de armamentos.

Por que então os romanos prevaleceram sobre todas essas populações, dentro ou fora do solo itálico? Em que eram melhores? As razões são numerosas, e este livro analisa várias delas; porém, especialmente a partir do século IV a.C., é possível afirmar que os romanos desenvolveram uma *grande capacidade de organização* baseada em processos e em um modelo de gestão com características marcantes, que privilegiavam a criação permanente de inovação para resultados. A disciplina, as estruturas organizacionais, os arranjos físicos, o pesado e completo treinamento e o desenvolvimento e melhoramento contínuo de armas e de esquemas de combate trabalhavam em harmonia para criar um ambiente extremamente inovador. O Gênio romano, por exemplo, nos quais grupos estratégicos atuavam juntos para promover a inovação, guarda claras semelhanças com os comitês das empresas inovadoras do nosso tempo. As estratégias criadas por esse grupo encontravam terreno fértil para aplicação nos arranjos físicos e na gestão de processos nos acampamentos e hospitais militares, que, graças a elas, operavam com pleno vigor. O posicionamento dos exércitos, a logística e o aperfeiçoamento das armas de guerra são exemplos de ação em rede e de ecossistema de inovação, elementos marcantes da inovação nos nossos dias. O mais incrível é que esse arcabouço de soluções organizacionais lembra em muito o conceito de plataformas de inovação, tão cobiçado nos nossos dias. Amazon, Google, Uber, Ali Baba; o mundo se inclina diante da força dessas organizações-plataformas. Mas é fácil afirmar que o conceito de plataforma de inovação, por sua abrangência, força e estrutura organizacional, tenha sido concretizado pela primeira vez na história da humanidade, justamente pelo Império Romano. Vale examinar um pouco cada um desses aspectos.

O GÊNIO ROMANO

Muitas informações sobre o Gênio militar da Roma antiga são fornecidas pelo historiador Flávio Vegécio (séculos IV-V d.C.). À maneira dos Comitês das empresas altamente inovadoras, o Gênio, na época romana, era um corpo especializado de engenheiros, arquitetos, agrimensores, carpinteiros e ferreiros, sob o comando de um oficial em cada legião. A função do Gênio era dar apoio técnico aos exércitos romanos para a construção de obras de engenharia militar. Era o núcleo de criação e propagação da inovação na plataforma. A força de trabalho necessária para a execução das obras era garantida, geralmente, pelos soldados da infantaria. Os engenheiros romanos recrutados pelo exército estavam entre os mais valiosos e celebrados profissionais da antiguidade; já no império se fazia presente a crença de quanto é importante a presença de talentos e pessoas bem preparadas para inovar. Durante as operações de cerco a uma cidade inimiga, por exemplo, o Gênio planejava e construía máquinas de arremesso, de ataque a muralhas e de cerco (catapultas, aríetes, torres móveis, onagres.) Um exemplo da maestria romana ocorreu por ocasião da campanha de conquista da Gália por Júlio César, quando o Gênio projetou e organizou a construção de um duplo anel de fortificações ao redor da cidade de Alésia; a parede interna foi erguida para sitiar o local, e outra, externa, para defender-se de ataques inimigos que acorreram em socorro aos sitiados. Outro exemplo da importância do trabalho do Gênio foi a extraordinária rampa construída para transpor os 133 metros de altura da fortaleza de Massada, na Judeia, considerada inexpugnável.

O Gênio também tinha a tarefa de criar campos fortificados permanentes (*castra Hiberna*), estradas e pontes, e ainda dava consultoria e orientação na implementação de obras para proteger as fronteiras das províncias, como:

- A Muralha de Adriano na Britânia, uma impressionante fortaleza em pedra, com 117 quilômetros de comprimento, construída pelo imperador Adriano (século II) para marcar o limite entre a província romana da Britânia ocupada e a belicosa Caledônia (que corresponde a grande parte da Escócia de hoje);
- O Limes Germânico-Rético, um conjunto de fortificações construídas pelos romanos para proteger as fronteiras das províncias da Alta Alemanha e da Récia. A rota, que se estende por 548 quilômetros, foi declarada Patrimônio Mundial da UNESCO e contém sítios arqueológicos importantes e museus.

Em tempos de paz, os profissionais que integravam o Gênio atuavam como os consultores internos de inovação fazem hoje em dia nas empresas inovadoras: prestavam consultoria nos próprios aspectos da gestão e na construção de obras civis, como estradas, aquedutos, anfiteatros, termas etc.

ESTRUTURA DO ACAMPAMENTO

REPENSE O MODELO DE GESTÃO PARA A INOVAÇÃO

Cada vez mais difusos hoje em dia, os parques tecnológicos, os *coworks* e ambientes físicos de inovação proporcionam a interação entre as pessoas-chave e a possibilidade de terem à sua volta tudo de que precisam para trabalhar e produzir, em equipe, soluções inovadoras. As grandes cidades vivem uma verdadeira febre de criação de parques e uma superoferta de *coworks*.

Trabalhar e produzir inovações em equipe era também a marca registrada nos acampamentos romanos.

A partir do final do século IV a.C, o exército romano empreendeu campanhas militares cada vez mais distantes da cidade de Roma; foi então obrigado a encontrar soluções organizacionais para a nova empreitada. Era necessário assegurar que o necessário estivesse à mão e que os locais de pouso fossem seguros à noite em territórios hostis, por exemplo. Pirro, o rei de Épiro (área que se situa aproximadamente onde hoje é a Albânia), ensinou (involuntariamente) aos romanos como construir um acampamento militar. Sobre o assunto, assim relata o escritor, comandante e político romano Sexto Júlio Frontino, em sua obra *Stratagemata*: *Pirro, rei do Épiro, foi o primeiro a instituir a prática de concentrar todo o exército dentro da mesma estrutura defensiva. Os romanos, então, que o tinham derrotado nos Campos Ausini, perto da cidade de Malevento* (ndr: mais tarde foi renomeada Benevento, que significa "evento favorável"), *observaram a estrutura de seu acampamento militar e organizaram gradualmente esse campo tal como hoje é conhecido por nós.*

O historiador grego Políbio, que viveu no século II a.C., escreveu sobre a superioridade organizacional dos romanos, mesmo quando combatiam povos mais avançados:

> *Parece-me que os romanos, que tentam ser muito práticos nesta disciplina, seguiam um caminho completamente oposto ao dos gregos. Estes últimos, na verdade, quando montam um acampamento, acreditam que é*

muito importante se adaptar às defesas naturais do lugar, seja por evitar o esforço da construção de valas, seja porque acreditam que as defesas artificiais não podem competir com as naturais que o terreno pode oferecer-lhes. E assim, na elaboração do plano geral do acampamento, são forçados a mudar constantemente sua estrutura [...] a ponto de ninguém nunca saber exatamente qual é o seu lugar e onde cada unidade deveria se instalar. Os romanos, ao contrário, preferem fazer o esforço de cavar valas e construir outras fortificações de modo a ter um único tipo de acampamento, sempre o mesmo, bem conhecido por todos.

Políbio descreve como era organizado um típico acampamento militar romano: tinha formato quadrado ou retangular e era delimitado por uma vala e por paliçadas cujo objetivo era protegê-lo. A estrutura interna era tão racional que, na era moderna, foi aplicada ao planejamento das cidades, com ruas perpendiculares formando uma malha quadrilateral (um exemplo atual é a área de Manhattan, em Nova York). Na verdade, o acampamento parecia mesmo uma cidade, dividida em zonas e cortada por diversas vias internas. Quando o exército em marcha se aproximava do lugar onde montariam acampamento, um tribuno e um grupo de centuriões primeiro patrulhavam cuidadosamente toda a área. Encontrado o lugar certo, decidiam onde armar a barraca do comandante (pretório), as tendas dos tribunos e as dos oficiais das forças aliadas. O passo seguinte era indicar onde as legiões deveriam construir os próprios alojamentos. O mais notável é que essas operações eram realizadas em um curto espaço de tempo, porque o processo era sempre o mesmo: cada "bolsão" era identificado por placas de cores diferentes, de tal modo que, quando as legiões chegavam ao local onde acampariam, tudo estava visível e claro. Cada guarnição era capaz de identificar o setor em que deveria se estabelecer sem margem de erro. A organização era tão impressionante que uma legião poderia construir um acampamento, mesmo sob ataque inimigo, em apenas duas horas. Era um esquema tão inovador e sofisticado que havia até uma área para aprisionar o gado capturado ao inimigo. As valas, cavadas a uma distância estratégica dos alojamentos, mantinham os soldados protegidos de ataques noturnos.

HOSPITAIS MILITARES

Os hospitais militares romanos podem facilmente ser comparados a modernos centros de pesquisa e inovação, guardadas, é claro, as devidas diferenças temporais. Laboratórios e polos de pesquisa e desenvolvimento são elementos vitais em qualquer ecossistema de inovação, e o exército romano dispunha de serviços médicos e cirúrgicos baseados no melhor conhecimento do mundo antigo. Médicos militares recebiam treinamento específico; além de se dedicarem à pesquisa, descoberta e experimentação de novos conhecimentos teóricos, prototipavam e aperfeiçoavam suas práticas todos os dias nas frentes de guerra.

No campo da batalha, os médicos e seus assistentes estavam sempre disponíveis na retaguarda para dar assistência imediata aos feridos. Às vezes, legionários armados eram posicionados de modo a formar uma grande área protegida, com amplo espaço para recolher e proteger os feridos. Cabia aos médicos remover, com grande agilidade, flechas e outros dardos, limpar, desinfetar e suturar feridas. Para isso, usavam uma ampla gama de sofisticados instrumentos cirúrgicos, alguns dos quais ainda estão em exibição no Museu Arqueológico Nacional de Nápoles. Como não tinham anestésicos para oferecer aos soldados, distribuíam vinho ou cerveja. Os atendentes tinham a tarefa de enfaixar as feridas com cuidado, procedimento que, na ausência de antibióticos, era crucial para tentar prevenir infecções que poderiam levar a uma morte lenta e dolorosa.

POSICIONAMENTO DO EXÉRCITO

EM BATALHA E TÁTICAS DE COMBATE

É impressionante como as grandes plataformas tecnológicas, algumas delas citadas anteriormente, como a Amazon, têm ampliado sua atuação e conquistado mercados. Novos negócios e soluções, incorporação de empresas menores e ação estratégica conjunta parecem fazer com que as conquistas dessas empresas-plataforma não tenham mais fim.

Quem olhava para a expansão do império dois mil anos atrás deveria sentir o mesmo que nós, hoje, diante desses avanços. Devia se perguntar: até onde essa organização chegará?

A plataforma romana demonstrou grande adaptabilidade e inovação nas técnicas de conquista, avanço e guerra. Não permaneceu ancorada a um único tipo de posicionamento de forças no campo de batalha, mas promoveu grandes mudanças ao longo do tempo, variando a composição dos seus exércitos e as táticas de combate. O objetivo, naturalmente, era aumentar sua eficácia nos mais diferentes campos de batalha e contra inimigos que os enfrentavam com armas, equipamentos e modos de lutar sempre diversos.

As legiões romanas desenvolveram, por exemplo, um sistema de rotação entre soldados que permitia ter sempre homens descansados na linha de combate, garantindo que aqueles que estavam exaustos, ou mesmo feridos, recuassem até uma área restrita onde pudessem ser cuidados. Os homens eram divididos em linhas e cada soldado lutava por até cinco minutos; então, ao som de um apito, as primeiras linhas davam lugar às segundas, e assim por diante. Os soldados que deixavam o campo tinham direito a uma pausa antes de lutar de novo.

A capacidade de aprender e adaptar-se é uma característica essencial das empresas inovadoras – e Roma é um grande exemplo desse valor tão caro à inovação. Os romanos aprenderam muito, tanto com as vitórias como com as derrotas, procurando sempre inovar e utilizando como ponto de partida suas experiências nos campos de batalha. Como escreveu o historiador francês Yann Le Bohec, pode-se detectar nos romanos, no decorrer de séculos da história, uma contínua evolução na organização militar, devida, em grande parte *"a essa maravilhosa adaptabilidade no setor das técnicas de guerra"*.

LOGÍSTICA

"Quem não prepara o fornecimento de grãos e víveres é derrotado sem armas."
Flávio Vegécio (séc.IV-V, em *A arte da guerra romana*)

Tão valorizado hoje, o conceito de ação integrada e atuação em redes já era parte do cotidiano do Império: em Roma, dispunha-se de arranjos organizacionais que viabilizavam recursos humanos, tecnologias, equipamentos, e tudo o que fosse preciso para inovar. A própria configuração moderna dos laboratórios de inovação remete aos princípios de logística e de *locus* para a realização da inovação dos hospitais militares romanos.

Já nos tempos antigos, a logística, definida como a área responsável pela organização do movimento, do equipamento e do arranjo das tropas, era extremamente importante para a vitória. Afinal, havia um exército inteiro para armar, alimentar e transportar. Na época romana, Júlio César foi o primeiro a criar a figura do "logístico" entre os oficiais que serviam nas suas legiões; foi a superioridade logística que permitiu a César realizar as marchas forçadas mesmo à noite e tomar a cidade de Alésia, marco definitivo da conquista da Gália. A logística manteve seu *status* de atividade exclusivamente militar até a Segunda Guerra Mundial. Depois dela, o conceito foi ampliado e aplicado também aos setores econômico e industrial.

ARMAMENTOS

Qualquer polo ou laboratório de inovação tem que dispor de equipamentos para realizar protótipos que, muitas vezes, não são máquinas ou aparelhos habitualmente encontrados no mercado.

Os romanos, ao longo dos séculos, experimentaram várias armas, procurando sempre as mais eficazes para o combate. Muitas vezes, eram capturadas do inimigo e melhoradas; pragmáticos, não tinham pudores em admitir que eram mais adequadas do que as suas. No século I a.C., o armamento romano era o melhor do mundo conhecido, não só no que dizia respeito a ataque e defesa pessoal, mas principalmente em armas de arremesso, como catapultas, e de cerco, como torres e rampas. No campo naval, construíram grandes navios de transporte e poderosas embarcações de guerra com até 70 metros de comprimento, equipadas com aríete, ponte móvel para enganchar navios inimigos e até revestimentos metálicos externos que resistiam ao impacto. Porém, também inovaram ao projetar navios velozes e fáceis de manobrar, inspirados nos barcos piratas que coalhavam o Mediterrâneo; essas embarcações desempenharam papel decisivo na vitória contra Marco Antônio e Cleópatra na Batalha de Ácio, em 31 a.C.

Há um paralelo claro entre muitas das características e a sofisticação do modelo de gestão dos romanos e as atuais estruturas para a inovação. O Império Romano não teria sido o que foi sem a aplicação dos conceitos de atuação conjunta e arranjos físicos para a inovação; sem o ecossistema, os ambientes de cooperação, os laboratórios de experimentação e prototipagem; sem focar no conceito de plataforma; e, principalmente, sem disponibilizar tudo isso aos talentos que garimpava (mesmo entre os vencidos, como vimos) por meio de um modelo de gestão que privilegiou a inovação. De maneira análoga, sem esse receituário as empresas não se expandirão pela via da inovação. Afinal, sem os núcleos organizacionais, os times de ação empoderados e as componentes da gestão não há inovação sistemática e robusta. Como destacamos, o modelo de gestão promove a inovação e ela se expande e fortalece. Da inovação e da capacidade que se confere às pessoas de inovar é que novas, mais profundas e vencedoras mudanças ocorrerão, tornando a empresa mais e mais inovadora.

IMPÉRIO DA INOVAÇÃO

O modelo de gestão de inovação na Gomes da Costa

Em tempos de chefs-celebridades que vão à TV falar da importância de consumir alimentos frescos, o segmento de conservas parecia viver uma fase de desprestígio. Cenários assim oferecem desafios e um mar de oportunidades para companhias que trabalham com a mentalidade da inovação, colocam essa componente no centro de seus planos estratégicos e conseguem desdobrar a estratégia de inovação em sua forma de se organizar e operar. Foi assim com a Gomes da Costa, a maior empresa de pescado em conservas do Brasil. Fundada em 1954 pelo imigrante português Rubem Gomes da Costa, consolidou-se gradualmente até ser comprada, em 2004, pelo Grupo Calvo, conglomerado espanhol com grande *expertise* no setor. Com fábrica em Itajaí, no litoral catarinense, exportações para 55 países e capacidade de processamento de cerca de 80 mil toneladas de pescados por ano, a Gomes da Costa vem desenhando os próprios caminhos guiada pela inovação. Um dos indicadores desse posicionamento é o fato de que 10% de seus produtos tinham sido lançados havia dois anos ou menos (quando da conclusão desta obra).

A estratégia de inovação e a forma como a companhia se estruturou a partir dela começam pela mudança de paradigma do negócio em um mercado que poderia olhar torto para o segmento de conservas. Nem todos compreendem hoje em dia que, durante muitos anos, conservar foi a única forma de levar alimentos saudáveis, como peixes, a regiões mais distantes. Independentemente disso, a Gomes da Costa avançou com sua estratégia e seu propósito de oferecer produtos que reforçassem os pilares de qualidade e praticidade. É assim que a companhia vem construindo seu futuro.

REPENSE O MODELO DE GESTÃO PARA A INOVAÇÃO

Por praticidade, entenda-se a oferta de produtos que facilitam, de verdade, a vida do consumidor, oferecendo-lhe mais tempo para cuidar do que considera realmente importante. Por qualidade, a preocupação em ofertar proteínas magras e, cada vez mais, nutrientes de boa qualidade, como as gorduras Ômega 3, fartamente presentes em alguns peixes. Mas não apenas a saúde humana está em jogo: a empresa também atua para preservar o ciclo de vida dos pescados e a sustentabilidade dos oceanos por meio da pesca não predatória. "Esses dois elementos – praticidade e qualidade – são a tradução do nosso propósito, que está cada vez mais embebido na cultura da companhia", afirmou o presidente da Gomes da Costa, Enrique Orge, em entrevista aos autores. "Trabalhamos fortemente para direcionar a energia das pessoas para inovar dentro desse propósito."

Ao apertar o botão para a inovação acontecer, é natural que se libere a energia daqueles que a farão emergir. Para organizar a energia e capacidade dos colaboradores e proporcionar fluidez à inovação, a Gomes da Costa tomou três decisões de negócio bastante eficazes do ponto de vista da gestão da inovação e profundamente alinhadas com princípios presentes na organização romana. Vamos a elas.

A primeira foi capacitar pessoas para inovar. Por mais que se fale na relevância da inovação, poucos profissionais sabem como ela é gerada, e menos ainda são capazes de gerenciar pessoas, processos e conexões com o ecossistema para que a inovação aconteça de maneira sustentável e repetidamente. Não se aprende isso nas escolas. O primeiro passo da Gomes da Costa foi, portanto, preparar um verdadeiro exército interno da inovação. Foram capacitados e certificados com faixas verde e preta (*Innovation Belt Experience*) 48 Gestores da Inovação. Essa missão coube à Pieracciani Educação, braço da consultoria Pieracciani, nos anos de 2016-17. Os dirigentes da companhia sabiam que inovação não é um processo solitário, isolado, incumbência de uma única área, e muito menos de alguns poucos iluminados; portanto, tratou de preparar suas pessoas para liderarem a revolução.

A segunda, muito alinhada com todos os movimentos atuais de evolução dos modelos organizacionais, foi estruturar a inovação em forma de rede. Muitas empresas caem na armadilha de considerar que os responsáveis por realizar a inovação devem ser uns poucos escolhidos, trabalhando de maneira segregada. Retiram pessoas de seus departamentos e reúnem esse grupo com um comando mais ou menos assim: "Pronto, agora inovem aí". Na Gomes da Costa, a equipe de Inovação (área que leva o mesmo nome) tem a missão de gerenciar o portfólio de projetos da companhia. Há equipes montadas *ad hoc*. As áreas trabalham em conjunto para lançar um produto no mercado.

Sem a implantação dessa estrutura participativa de inovação, haveria o risco de que projetos inovadores, uma vez concluídos, encontrassem resistência por parte do comercial, por exemplo, que considerava possíveis dificuldades de venda, ou de outra área que não se sentisse "pai da criança". Hoje, como todos os setores estão envolvidos desde o nascedouro da inovação, não apenas as resistências caíram, como ainda ocorre uma aceleração natural do processo. Há alto nível de engajamento, as informações fluem rápido na estrutura em rede e o senso de paternidade se transformou em comprometimento por parte dos profissionais envolvidos para que os projetos deem certo e caminhem rápido. A Gomes da Costa, assim, fortalece-se como companhia que trabalha em uma rede articulada, unindo pessoas que cooperam para a conquista de objetivos comuns independentemente de um organograma.

O portfólio de projetos de inovação consiste em um conjunto de ideias e iniciativas que podem vir de qualquer área da empresa e são formatadas em propostas. O primeiro crivo por que passam diz respeito ao alinhamento estratégico da companhia e com os pilares da marca: qualidade e praticidade. "Identificamos se é algo que o consumidor demanda ou pode desejar", informa Enrique Orge. Após passar por esse primeiro filtro, os projetos entram em um processo de *stage gates*, um "funil" cortado por planos transversais que atuam como peneiras. Chegam ao final do ciclo, com chances reais de implantação, aqueles que tiverem maior aderência ao propósito e superarem os diversos crivos da seleção. Não se trata, porém, de um processo engessado: uma inovação claramente boa pode "pular" alguns *gates* e ganhar velocidade. "A base da nossa inovação está nessa rede de geração de ideias e na construção de uma estrutura e um ambiente capazes de recebê-las e fazê-las progredir, transformando-se em projetos, produtos e soluções inovadoras que nos coloquem à frente dos concorrentes", explica Orge.

A terceira decisão, estratégica para acelerar a inovação aplicada, foi a de juntar três áreas internas: comercial, *marketing* e inovação. Isso proporcionou à Gomes da Costa mais foco na hora de inovar. "Temos que fazer a inovação já pensando na lacuna de mercado que desejamos preencher e em como faremos para comercializar o novo produto", afirma o presidente da empresa. Do ponto de vista da gestão da inovação, a decisão é moderna e eficaz. Grandes e inovadoras companhias têm adotado estruturas parecidas. O melhor time de *marketing*, sozinho, não consegue inovar; da mesma forma, a inovação sem uma clara visão do mercado perde potência. Trabalhando juntas, essas três áreas nutrem uma inovação muito mais poderosa e em harmonia com o propósito da empresa. Há também na Gomes da Costa uma gerência de inovação que acolhe e dá fluxo às múltiplas ideias que chegam de todas as áreas da empresa – já que o *mindset* de inovar está entranhado na organização.

A preparação de lideranças para dominar as técnicas da gestão da inovação e continuar gerenciando a inovação prossegue. Essa capacitação, sob comando da direção de Recursos Humanos da empresa, se dá por meio de uma Escola de Líderes cujos "professores" são os próprios profissionais da Gomes da Costa, propiciando integração e visão sistêmica. O objetivo da Escola é abordar desde temas abrangentes, como gestão de mudanças, até conteúdos específicos relevantes, como finanças para não financeiros. O princípio central é o de que a inovação depende de pensamentos laterais nem sempre técnicos e relativos ao setor; assim, entregar conteúdos diferenciados e cultura geral alimenta os processos de inovação.

A capacitação das pessoas, a inovação em rede e a fusão das três áreas cruciais para que a inovação aconteça resultaram em lançamentos de produtos e inovações de grande sucesso voltadas para o mercado. À época da conclusão deste livro, a Gomes da Costa havia recém-lançado um novo produto, a manjuba de boca-torta, espécie brasileira com alto teor de Ômega 3. Para isso, desenvolveu tecnologia de processamento desse pescado e posicionou-o de modo a suprir as necessidades do público na base da pirâmide socioeconômica, com bons resultados.

O desenho da inovação na Gomes da Costa é, ele próprio, inovador. Para além das estruturas azeitadas, conseguiu aumentar o engajamento de todos os funcionários e, mais difícil e relevante, promoveu uma mudança de *mindset*. Nas palavras do presidente Enrique Orge: "Todo mundo pensa que organização é organograma, mas não é; organização é *mindset*, alinhamento, foco e propósito. Foi assim que, na Gomes da Costa, a inovação encontrou espaço para acontecer e tornou-se efetiva".

REPENSE O MODELO DE GESTÃO PARA A INOVAÇÃO

STAGE 0 — IDEIAS

G1 — ANÁLISE E APROVAÇÃO DAS IDEIAS

STAGE 1 — ANÁLISE DE IDEIAS E CRIAÇÃO DE CONCEITO

G2

STAGE 2 — PLANO DE NEGÓCIOS ROBUSTO

G3

STAGE 3 — DESENVOLVIMENTO

G4

STAGE 4 — TESTE DE VALIDAÇÃO

G5

STAGE 5 — LANÇAMENTO

G6

RPL — REVISÃO PÓS LANÇAMENTO

(Processo de seleção de projetos de inovação Gomes da Costa)

IMPÉRIO DA INOVAÇÃO

TRABALHE OBSESSIVAMENTE PELA VITÓRIA

TRABALHE OBSESSIVAMENTE PELA VITÓRIA

Os romanos partiam para a guerra com a certeza da vitória. Não enxergavam o triunfo como uma possibilidade, mas como o único desfecho aceitável. Para esses valentes guerreiros, a vida resumia-se a vencer ou morrer. Pode até parecer exagero comparar esse estado de espírito resoluto ao momento que vivem as organizações hoje. Não é.

A revolução sociocultural pela qual passamos, aliada à tempestade perfeita dos avanços tecnológicos cada vez mais presentes no cotidiano, vem produzindo nas empresas as transformações mais significativas e profundas da história da humanidade. Milhares fecharão. Mesmo companhias tidas como inovadoras e vencedoras não podem bobear. Entre as que se mantêm na superfície, muitas simplesmente agonizam diante de uma concorrência inesperada que consegue gerar muito mais valor percebido por seus clientes. A inovadora rádio *SulAmérica Trânsito* não poderia imaginar um concorrente como o Waze, que acabou por afundar também a Nokia, pouco depois de a multinacional finlandesa ter adquirido, por 8,1 bilhões de dólares, a rede de sensores de tráfico Navteq. Tampouco a indústria dos GPS contava com a astúcia de jovens israelenses trabalhando, inquietos, em uma garagem. Fabricante líder de aparelhos de GPS, a holandesa TomTom teve que redirecionar seus negócios e agora fabrica relógios para prática esportiva. Nos próximos anos, muitas outras serão "derrotadas" por uma invasão de recém-chegadas que fazem uso de alta tecnologia e nem sequer se sabe de onde virão.

A pergunta a se fazer em um cenário sangrento como esse é a mesma que os romanos se propunham à época: *como venceremos?* Sim! Eles não se perguntavam *se* venceriam, mas *como* venceriam. As táticas, claro, variavam de acordo com a circunstância. Podiam, por exemplo, cercar as cidades que buscavam conquistar para, dessa forma, restringir o acesso a mantimentos e bens de primeira necessidade, enfraquecendo o inimigo. Relatos históricos dão conta de que, durante o cerco a uma delas, o comandante da guarnição de defesa da vila comunicou ao seu algoz romano que o melhor seria ele e seus homens desistirem, porque os sitiados tinham água e mantimentos para resistir durante dez anos. "Não há problemas. Vamos nos enfrentar no décimo-primeiro ano", teria respondido o militar romano. Não havia desafio grande demais.

A relação obsessiva com o cumprimento de metas também se estabelecia fora do campo de batalha. Em 106 a.C., após bater os cimbros (tribo germânica que, segundo o historiador Tácito, seria originária da Jutlândia, hoje Dinamarca), os teutões (povos germânicos que viviam no centro e norte da Europa), os tigurinos e a população local, o cônsul Quinto Servílio Cipião conseguiu recuperar o controle da cidade (hoje francesa) de Toulouse. Mais do que apenas computar outra vitória de guerra, Cipião estava decidido tirar a limpo uma lenda local: a de que existiria uma fortuna em ouro na cidade, mantida originalmente em um santuário. Depois de vasculhar cada canto sem encontrar o tal tesouro, ele concebeu uma nova estratégia: mandou drenar *todos* os lagos que rodeavam Toulouse. Na lama, encontrou 50 mil barras de ouro, 10 mil de prata, além de objetos valiosos, uma fortuna incalculável para os padrões da época.

TRABALHE OBSESSIVAMENTE PELA VITÓRIA

O episódio, relatado pelo historiador Tito Lívio (59 a.C.-17), entre outras fontes, acabou mal para Cipião. Suspeito de desviar o butim para engrossar a própria fortuna – o ouro desapareceu após um obscuro ataque de saqueadores –, Cipião perdeu a cidadania romana, teve suas propriedades confiscadas e foi condenado ao exílio. Morreu em Esmirna, na Turquia moderna, desonrado. Mas vitorioso em seu empreendimento de encontrar o tesouro.

Séculos de guerras haviam ensinado aos romanos que a autocomiseração era inútil, por mais adversas que fossem as circunstâncias. Não havia soldados com a postura derrotista da hiena Hardy, personagem do desenho animado *Lippy e Hardy*, criado por Hanna Barbera nos anos 1960, que vivia o tempo todo dizendo que nada daria certo. Seu bordão, "Ó dia, ó vida, ó azar", jamais encontraria ressonância nas legiões...

O foco dos guerreiros romanos e dos gestores de inovação de hoje em dia é idêntico: está na geração de eventos positivos, em fazer acontecer o que desejam; um lema repetido à exaustão pelos generais de Roma era: *"Faber est suae quisque fortunae"*, isto é, cada um é artífice do próprio destino, em tradução livre. A vontade de vencer era tão forte que não admitia incertezas.

URGÊNCIA E PRAGMATISMO

Evidentemente, nas muitas e longas guerras travadas pelos romanos, houve derrotas terríveis. Mas elas apenas fortaleciam o espírito dos guerreiros para buscar a vitória decisiva, aquela que, de fato, encerraria o conflito. Ou, como diria o líder sul-africano Nelson Mandela dois milênios depois: "Eu nunca perco; eu ganho ou aprendo". Contra Aníbal, o temível e genial estrategista cartaginês, Roma perdeu quatro batalhas consecutivas durante a Segunda Guerra Púnica (219-202 a.C.), em Ticino, Trebbia, Trasimeno e Canne. Ao longo de dois anos de lutas, pereceram cerca de 100 mil soldados romanos e aliados de outros territórios itálicos, um contingente enorme, especialmente para aqueles tempos. Confrontados com um inimigo que parecia invencível, nem por isso os romanos concordaram em se render. Pelo contrário: mantiveram-se concentrados na busca por novas estratégias que lhes garantissem a vitória final, como abrir mão dos habituais acordos políticos para a escolha dos comandantes de seus exércitos e indicar lideranças exclusivamente com base do mérito, critério, aliás, que voltou a vigorar com toda a força nos modernos ambientes de inovação.

Nesta passagem histórica houve uma ação clara, carregada de senso de urgência e pragmatismo, exatamente como é necessário para que a inovação ocorra em tempos difíceis no campo de negócios, como hoje. Rapidamente (para a época), os comandantes dos exércitos reavaliaram suas estruturas de guerra, com maior número de agrupamentos especializados e de cavalaria, reorganizaram suas legiões e adotaram outras táticas de combate. Conquistaram, com isso, vitórias como as de Ilipa, na Espanha, do Rio Metauro, na Itália e, por fim, a de Zama, na África, que pôs fim ao poderio cartaginês no Mediterrâneo e deu aos romanos o domínio incontestável, durante séculos, das águas do Mediterrâneo. Vale lembrar que Roma, no início da Primeira Guerra Púnica (264-241 a.C.), mal sabia como construir um navio. O mar era um ambiente de combate desconhecido para os romanos. No entanto, buscando e incorporando técnicas e aprendizados, eles não apenas ganharam a guerra, como ainda fizeram uma frota extremamente poderosa e combativa, tornando-se referência de inovação na época. Uma de suas criações mais notáveis chamava-se corvo e consistia em um dispositivo que "enganchava" um navio ao outro, permitindo que a infantaria lutasse sobre os conveses quase como se estivesse em terra! Conhecimento é o mais natural combustível para a inovação.

O foco na vitória seguiu marcando a trajetória dos inovadores século após século. Transportemo-nos para 1879. Fechemos por um momento os olhos. Sintamos a escuridão absoluta. Imaginemo-nos tendo que acender uma vela ou uma lamparina a óleo para levantar da cama. Pensemos então na relevância do trabalho de um grande líder de inovação: Thomas A. Edison, o inventor da primeira lâmpada elétrica de filamento. Incrível, não é? E não faz tanto tempo assim. Pois muito bem, uma das declarações mais incríveis desse gênio inovador foi justamente: "Eu não fracassei. Apenas descobri 10 mil maneiras que não funcionam". Acham que ele era obcecado pela vitória?

Mais adiante no tempo, outro líder reforçaria com uma frase a clara obsessão pela vitória dos inovadores. Albert Einstein (1879-1955), um dos maiores gênios de século XX disse: "Eu tentei 99 vezes e falhei, mas na centésima tentativa consegui". A lição é clara: nunca desista de seus objetivos, mesmo que pareçam impossíveis. A próxima tentativa pode ser a vitoriosa.

Trazendo essas reflexões para o nosso tempo, fica claro que no campo da inovação são ingredientes essenciais a determinação, a perseverança e o espírito positivo. Art Fry foi o genial inventor do *post-it*, o mais popular e icônico objeto em qualquer escritório ou fábrica de nosso tempo. Para ele, não foi uma vitória fácil. Inicialmente teve a ideia de combinar uma fórmula malsucedida de cola adesiva a pequenos pedaços de papel com o objetivo de criar um novo marcador do tipo "cola-e-descola" para múltiplas aplicações, em especial para que ele mesmo pudesse marcar as páginas nos hinários com as canções que iria cantar no coral da igreja que frequentava. Assim eliminava o risco de que se soltassem ou caíssem. Como a inovação tivesse funcionado bem para seu propósito original, apresentou-o à área de *marketing* da Companhia 3M, que analisou o produto e o rejeitou. O senhor Fry não se deu por vencido. Com a ajuda de amigos da área industrial, preparou um lote de bloquinhos protótipos e os distribuiu para as secretárias da empresa. Elas adoraram a ideia e pediram cada vez mais. Fry usou essa experiência e seus resultados para voltar à carga para o *marketing*, agora com uma nova arma: um parrudo relatório de experimentação do produto que não deixava margem a qualquer dúvida sobre sua utilidade. Art Fry tornou-se posteriormente presidente da 3M e o *post-it* virou o maior campeão de vendas de todos os tempos.

É possível, portanto, afirmar que os programas de inovação são verdadeiras marchas determinadas para a vitória. Não importa se estamos falando de programas abrangentes e estruturados ou de simples atividades cotidianas, nas quais as inovações permitem criar algo melhor, mais rápido, mais barato e de menor risco, mas que, sobretudo, melhoram a percepção de valor por parte dos clientes. Independentemente do grau de sofisticação com que se faça isso, gestores de inovação encaram seus desafios como verdadeiras campanhas de guerra. Nas empresas, os movimentos de inovação precisam ser realizados da mesma forma e com a mesma intensidade com que os romanos os faziam: com foco absoluto em superar a situação atual, como em uma batalha. Quer se trate de pequenas mudanças, de implantação mais simples, quer de ampla magnitude, quando lidamos com as do tipo radical; quer sejam lançamento de linhas inteiras de produtos ou serviços, quer se trate de empreender, no caso de empresas iniciantes. Embalar desafio e vitória em um único pacote, como na Roma antiga, possibilitará aos gestores superar barreiras e objeções, por mais que estas tentem se interpor. Fará com que todas as alternativas e possibilidades sejam trabalhadas e, especialmente, com que os integrantes dos times de inovação se engajem com toda a sua energia e capacidade de contribuição para transformar a inovação em realidade.

ATRIBUTO DE VISIONÁRIOS

De fato, uma das mais fortes características do inovador é sua capacidade de enxergar o que outros não veem. De ver, sentir, até mesmo experimentar, vivenciar a vitória – traduzida, no nosso tempo, em soluções inovadoras – antes mesmo que a caminhada se inicie. Essa capacidade de criar em sua mente, antes de qualquer outro, uma situação, solução ou realidade melhor do que a atual é essencial nos gestores de inovação. Mas não é tudo. Ver à frente é um atributo dos visionários, mas os gestores de inovação vão além. Eles marcham firmemente para alcançar essas visões. Isso é o que faz a diferença. O inovador não é, portanto, apenas um visionário teórico, sonhador. Afinal, "visão sem ação é sonho" (J. Barker, 1994). O gestor de inovação é um visionário ativo em marcha obcecada pela vitória, representada pelo triunfo de sua visão. A imagem da conquista tem que ser vívida, clara. Capaz de inspirar e motivar. Construir essa imagem e engajar as equipes é, aliás, um dos principais papéis do líder de equipes de inovação, assim como era para os generais romanos.

Diversos fatores se repetem quando observamos atentamente os processos que levaram às grandes inovações. Um deles, talvez o mais nítido, seja o fato de haver sempre um inovador obstinado pela vitória por trás de cada uma delas. O exemplo mais forte da atualidade é do "general romano" Elon Musk. Basta acompanhar por alguns minutos sua entrevista ao curador Chris Anderson no TED Talks 2017[1] para ver como ele se relaciona com um possível fracasso de suas ideias, muitas delas consideradas completamente malucas por CEOs famosos e mesmo por estudiosos da inovação. São mesmo ideias diferentes, à primeira vista, para a maioria de nós, seres comuns. Musk fala dos túneis que pretende escavar sob Los Angeles, nos quais os carros fugirão do trânsito deslocando-se a 200 quilômetros por hora de uma estação a outra sobre uma espécie de skate elétrico. Loucura? Lembre-se de quantos riram dele quando, em 2003, anunciou a eletrificação dos veículos e criou a Tesla. Hoje, as montadoras tradicionais suam a camisa para acelerar seus projetos de automóveis híbridos e elétricos.

O mesmo se poderia dizer de J.F. Kennedy, um dos grandes líderes de inovação da história da humanidade. Por volta de 1962, o en-

---

1. https://www.youtube.com/watch?v=zIwLWfaAg-8, acesso em 14/set/2019.

tão presidente dos Estados Unidos prometeu à população que antes do final daquela década um americano pisaria na Lua. Bradava em seus discursos que tinha escolhido a Lua não porque seria possível, mas sim porque seria difícil. Muito difícil. A isso seguiu-se o fortalecimento da NASA, criada em 1958 por outro presidente, Dwight Eisenhower, e do programa espacial americano. Vieram os plásticos especiais, os materiais avançados e, juntamente com milhares de outras inovações, o computador. Não fosse o inimigo oculto e covarde, Kennedy teria patrocinado uma escalada ainda maior de inovações.

Essa comunidade de obcecados pela vitória incluiu Steve Jobs com a criação da Apple. Imaginem-no à época desafiando à morte a gigante IBM, a Big Blue... Em um dos famosos comerciais da Apple em seus primórdios, um pequeno exército com jeito de combatentes antigos, algo que talvez evocasse as guerras romanas, lançava martelos de metal contra uma legião enorme de soldados azuis, explodindo-os. A Apple nascia da obsessão de seu fundador por desafiar toda a lógica dos computadores da época. Parecia colocar em xeque o cristianismo ao fazer o pecado (a maçã mordida) se sobrepor à castidade dos padrões regulares.

Outros tantos vitoriosos em antecipar o futuro pensavam da mesma forma. No Brasil, poderíamos pensar na revolução comandada na TV por Abelardo Barbosa, o Chacrinha, e nos altos e baixos que, com energia de um general, superou. Pelé não seria o rei do futebol se não tivesse a vitória o tempo todo em sua mente. Santos Dumont não teria voado e construído tantas inovações se não fosse um obstinado por vencer. Ozires Silva não teria criado a Embraer, da qual tanto nos orgulhamos.

Fica claro que o primeiro passo em qualquer processo de inovação, o gatilho para o inovador empreender, tentar constituir uma realidade melhor, um mundo melhor, é a capacidade de transportar-se para a realidade imaginada. Com esse espírito os romanos enfrentavam as derrotas. Registravam lições aprendidas, vislumbravam um horizonte melhor e marchavam determinados. Suas marchas, assim como o avanço do trabalho dos inovadores nas empresas, marcam o início do processo de *dar viabilidade à visão*. O processo que irá torná-la real para todos, não somente para o inovador.

Essa progressão exige esforço e perseverança. Há que se lidar com as objeções, as restrições de recursos, com o imediatismo das lideranças e, pior ainda, com a raiva de quem não quer mudanças. São múltiplos os ataques, e os inimigos nem sempre estão identificados com clareza. Porém, a possibilidade de se atingir esse estado diferente e melhor das coisas desencadeia nos inovadores forças tão poderosas que os obstáculos se apequenam. Para o inovador não há dor, nem sequer sacrifício, porque ele já se transportou para a situação idealizada, para a vitória concretizada. Poder-se-ia dizer que ele, o inovador, não está mais aqui neste lugar de abstenções e trabalho duro; a sensação de que é possível atingir uma nova realidade, de estar lá, à frente, é tão intensa, e o entusiasmo dele é de tal magnitude, que esforços aparentemente impossíveis para outros se tornam naturais para as equipes que estão construindo o novo. Os times de inovação parecem feitos de pessoas incansáveis. Afinal, "há uma força motriz mais forte do que o vapor, a eletricidade e a energia atômica: a vontade", disse o físico Albert Einstein.

O QUE É VITÓRIA PARA UMA EMPRESA

Para os romanos, vitória significava expansão territorial, o mais forte e indiscutível indicador de poder e riqueza da época. A visão dos generais de domínio do mundo, *Roma caput mundi*, materializava-se a cada vilarejo conquistado. A cada conquista, uma visão tornando-se real e impactando o mundo.

Quando se trata de inovações nas empresas da atualidade, o que podemos chamar de vitória é algo muito parecido. Equivale a atingir estágios superiores de desenvolvimento, um patamar melhor do que o atual. Um desafio que conduza as pessoas ou os processos de concepção e produção de bens a um estágio superior de evolução. Ver a inovação funcionar, seja por meio de um protótipo, seja por processo piloto; comprovar que a realidade que nasceu de uma visão foi finalmente atingida é a grande vitória nas guerras da inovação.

É como se definíssemos as vitórias de Roma ou a criação de novos produtos e serviços como sucesso em inovar. Algo com o mesmo "sabor" de alcançar a "terra prometida".

AS RAÍZES DA OBSESSÃO

Alguns historiadores, como o romano Andrea Frediani (1963-), consideram que a origem da determinação dos romanos na busca pela vitória está em um incidente trágico ocorrido em 18 de julho de 390 a.C. Nessa data, guerreiros gauleses, que vinham se infiltrando pelo norte da Itália desde o século V a.C., atacaram Roma sob o comando de seu rei, Breno, como vingança pela morte de um de seus líderes. Os romanos chegaram a organizar uma defesa, porém, "assim que os gritos dos gauleses chegaram aos seus ouvidos, fugiram, ainda ilesos, antes mesmo de ver o inimigo", descreveu o historiador Tito Lívio. Os soldados que estavam na retaguarda, perto do rio Ália, um pequeno afluente do Tibre, foram massacrados. Muitos, por não saber nadar ou apenas reféns do peso da armadura, afogaram-se. Os romanos não apenas fugiram sem lutar, mas ainda se trancafiaram na cidadela fortificada de Veio, tomada anos antes dos etruscos. Foi um recuo tão inesperado que os gauleses, a princípio, pensaram que se tratava de uma manobra para enganá-los. Quando viram que não era, invadiram Roma e atearam fogo à cidade, que ardeu durante dias.

O episódio, conhecido como Batalha de Ália, em referência ao rio, marcou uma das raras capitulações dos romanos a um inimigo. Tolhidos pela fome, acabaram por firmar um acordo com os gau-

TRABALHE OBSESSIVAMENTE PELA VITÓRIA

leses, que acederam em voltar para o norte em troca de um resgate que seria pago em ouro. Conta-se que os vencedores manipularam a balança para obter mais riquezas, e, ainda, que o rei Breno teria pousado a própria espada em seu lado da balança, proclamando: "Vae victis!" (desgraça aos vencidos, em tradução livre), frase que os romanos nunca esqueceram. Surgiu assim a condição psicológica chamada pelos historiadores de "Complexo de Ália". A vergonha pela derrota, e sobretudo a forma como ela se deu, foi narrada geração após geração e o 18 de julho, no calendário romano, é tido como "*dies funestus*" (dia desastroso, em tradução livre). Atribui-se a ela a construção do caráter resiliente dos romanos, que conseguiram transformar o desespero e a humilhação em força motriz da vontade de vencer e destacar-se entre os melhores.

Resiliência e obsessão pela vitória são duas condições intimamente conectadas.

O termo "resiliência" deriva etimologicamente do latim "*re-silire*", em que o prefixo "*re*" indica repetição da ação e "*silire*" pode ser traduzido como "saltar"; ou seja, refere-se à extraordinária capacidade humana de voltar a se deslocar, porém em outra direção. A palavra também tem uma ligação antiga com Marte, o deus da guerra: os sacerdotes dedicados a ele eram chamados *Salii* e executavam uma dança cujos passos eram pequenos saltos em honra de seu deus. Na psicologia, *resiliência* é diferente de *resistência*, termo que identifica a tendência do indivíduo de desviar os olhos do seu trauma até que o mesmo seja superado. A pessoa resiliente é plenamente consciente de ter sofrido uma dor que deixou marcas em sua identidade; no entanto, não tende a apagá-las, e sim reagir a elas em termos criativos. Ser resiliente, então, não significa apenas resistir às pressões do ambiente, mas implica também a capacidade de avançar, apesar da crise, para reconstruir um caminho de vida.

A resiliência é crucial para o sucesso em tempos difíceis; é ela que impede que o pânico se instale e impele à ação. Porém, só é resiliente aquele que, de alguma maneira, tem fé em seu sucesso, ou seja, acredita no próprio poder para aprender, melhorar, progredir. Sem essa combinação de características, os romanos jamais teriam se tornado o maior império da terra na Antiguidade.

A ano de 107 a.C. pôs à prova a resiliência dos romanos. Cimbros, teutões e outras populações agrupadas sob a denominação de bárbaras cruzavam a Europa espalhando medo e morte. Calcula-se que houvesse à época cerca de um milhão de bárbaros perambulando pelo continente, em um verdadeiro *tsunami* humano. Roma já havia sofrido algumas derrotas em seus esforços para detê-los e parecia iminente a invasão da península italiana pelos alemães. Os estrategistas romanos haviam preparado dois grandes exércitos para conter a maré humana, com 55 mil homens servindo sob Servílio Cipião – o mesmo das barras de ouro de Toulouse, antes de sua derrocada – e outros 85 mil comandados por Cneu Málio Máximo, um militar de origem plebeia malvisto pelo aristocrático Cipião. Possivelmente graças às diferenças sociais, os dois comandantes não agiram de modo concatenado, impondo uma derrota acachapante a Roma; cerca de 120 mil soldados romanos e aliados perderam a vida sob a fúria (e a superioridade numérica) dos bárbaros. Foi a maior derrota sofrida pelos romanos ao longo de sua história.

Mas Roma era resiliente.

Caio Mário, um general que vinha de grandes vitórias na África, foi escolhido para comandar a nova expedição contra os cimbros e os teutões. Retornou a Roma em 104 a.C. e logo partiu no encalço de seus inimigos, apenas para descobrir que haviam se dividido: os cimbros tinham migrado para a Espanha, enquanto os teutões saqueavam o norte da Gália. Nenhum dos dois povos planejava de imediato avançar para a Itália nem invadir território romano na Gália. Mário ganhou então uma vantagem preciosa: tempo para planejar os próximos passos. A fim de preparar uma força expedicionária adequada, abandonou o hábito de convocar soldados pela classe social a que pertenciam e decidiu aceitar todos os voluntários, incluindo os muito pobres. Conseguiu, ainda, que o Senado aprovasse um decreto liberando todo os itálicos que haviam sido escravizados por motivo de endividamento e permitindo que se juntassem ao exército romano. Foi uma decisão revolucionária. De um exército de recrutas passava-se, de fato, a um exército de voluntários: homens motivados pela possibilidade de partilhar grandes despojos de guerra.

Ao oferecer formação e cobrar disciplina, Mário criou soldados profissionais, com um elevado nível de treinamento e especialização. Requisitou instrutores da escola de gladiadores para ensinar aos recém-chegados suas técnicas de luta e submeteu os combatentes a exercícios físicos pesados para temperar o físico e o caráter. Convocou oficiais experientes e introduziu novas táticas de guerra, que garantiam mobilidade e autonomia em zonas de conflito. Quando finalmente o combate se deu, os alemães foram praticamente exterminados: cerca de 100 mil morreram e número igual foi capturado. Os cimbros também foram massacrados, em uma batalha que deixou 140 mil mortos, entre os quais o rei, Boiorix, além de 60 mil prisioneiros.

NÃO HÁ INOVAÇÃO NEM VITÓRIA SEM ENGAJAMENTO

A história demonstra, portanto, que não existe inovação sem engajamento. Fazer inovação é diferente de atuar em redução de custos, em sistematizações e outras atividades típicas dos ambientes de trabalho e de negócios. Liderar a inovação para que ela nasça e prospere depende de *força emocional*. Criar e inovar são características únicas dos humanos. E podem transformar-se em marcos, nos momentos mais importantes de suas vidas profissionais.

O compromisso com a vitória em inovação é firmado logo no início do processo. Pode ser necessário ajustar rotas, pivotar – verbo usado pelas *startups* para explicitar as mudanças de percurso necessárias para atingir a vitória –, mas nunca desistir pelo caminho diante

IMPÉRIO DA INOVAÇÃO

de resultados negativos em testes. Ou diante da objeção, da falta de recursos. Para os inovadores, esse princípio é tão claro que muitos realizam procedimentos com vistas à inovação fora de seu horário de trabalho, empregando recursos próprios. Por vezes até mesmo às escondidas, para não serem criticados nem desviados de sua rota para a vitória. Isso é mais frequente em empresas pouco inovadoras, nas quais a cultura de inovação não está estabelecida.

Os inovadores atuam, sempre, em favor de uma causa, de um propósito. Como resultado de suas ações, chega um momento em que a visão da inovação na qual estão trabalhando é compartilhada e introjetada pelas equipes de projeto. Então, essa mesma visão passará a impelir o restante do grupo para a vitória. O time não estará mais a serviço de um chefe, assim como os romanos não acumularam tantos feitos apenas graças ao carisma de seus generais; estará caminhando para a própria realização – com toda sua inspiração, energia, capacidade e força. Mas o líder continua essencial. Ele é a personificação da visão, o condutor, aquele que fará as equipes chegarem à terra prometida com as maiores possibilidades de êxito. Sua força e visão servem como antídoto para dúvidas, confusão, incertezas. "Mostrem-me um homem que sabe conciliar unidade com a diversidade e o seguirei como a um Deus", escreveu Platão (427-347 a.C.). Unicidade é a vitória.

Haverá barreiras pelo caminho.

Momentos difíceis fizeram parte da história das maiores inovações da humanidade. Isso não mudará. O mais fácil é desistir diante das primeiras controvérsias ou na primeira vez que algo der errado. Mas não é assim quando se trata de inovadores e inovações. As equipes perseverarão. Nada as tirará da caminhada para os resultados esperados porque elas já vivenciaram mentalmente a solução. Já saboreiam a terra prometida. Tentarão de outras maneiras, mudarão as estratégias, buscarão novos recursos e soluções, mas não desistirão.

COMO CONSTRUIR UMA EQUIPE COM MENTALIDADE VENCEDORA?

O primeiro passo é superar limitações, buscando realizar, com tenacidade e eficiência, até mesmo tarefas que, à primeira vista, pareceriam impossíveis. Só é capaz de vencer o outro aquele que consegue derrotar as próprias falhas. Superar dificuldades demanda capacitação contínua e dedicação. Júlio Velasco, conhecido treinador internacional de voleibol de origem ítalo-argentina, afirmou certa vez que muitos podem explicar por que determinado time não teve êxito em um desafio, mas poucos conseguem *realizar* o que apontaram. A incapacidade de vencer a dificuldade leva à "cultura das desculpas", isto é, à tentativa de atribuir o fracasso a algo que está além do nosso controle. Essa postura elimina a possibilidade de usar o *feedback*, que é a base da aprendizagem. O erro sinaliza a necessidade de fazer alterações; no entanto, quando nos escondemos atrás de justificativas e desculpas, não há como colocar em movimento processos de melhoria. Conclusão: quem não vence a corrida contra si mesmo dificilmente verá aprimoramentos. Em Israel, por exemplo, onde vicejam *startups* brilhantes e candidatas ao posto de unicórnios, um colega pesquisador definiu o ecossistema como algo construído desde a infância, com crianças que aprendem desde cedo a cair e a se levantar de novo, sozinhas. Qualquer semelhança com inovação não é mera coincidência: trata-se, aqui, de errar e acertar, pivotar, reaprender.

O passo seguinte é desenvolver a capacidade de vencer adversários confiando apenas em nossa própria força. O problema, nesse caso, é medir a nossa qualidade e aquela do oponente. Isso significa, de fato, ser pragmático e encontrar, entre todos os elementos para melhoria, aqueles que serão decisivos para a vitória. A busca contínua da qualidade (melhoria contínua) nesses elementos, tema do capítulo Melhore o que já faz e crie o novo, é fundamental. Quanto mais preparados, tanto mais desenvolvemos a confiança em nós mesmos e na nossa capacidade de vencer.

TRABALHE OBSESSIVAMENTE PELA VITÓRIA

A tenacidade da Techint

Poucos setores da economia brasileira sofreram mais na última década do que a construção civil. A longa recessão, que se aprofunda desde 2014, a redução dramática de investimentos e as investigações da Operação Lava-Jato produziram um cenário desolador, com a quebra de grandes grupos e o encolhimento de outros. Um cenário no qual só podem mesmo sobreviver os obstinados. Como tantas outras, a Techint Engenharia e Construções, empresa do grupo Techint, sofreu os efeitos dessa tempestade perfeita que se abateu sobre um setor habitualmente próspero e ocupado, que, no entanto, vem recuando há cinco anos; em 2018, respondeu por 4,5% do PIB nacional, contra 4,8% em 2017. Como tantas outras, poderia ter enxugado o negócio e se limitado a esperar a retomada do crescimento. Mas havia algo diferente na Techint, que não apenas manteve a construtora na superfície, como ainda a impulsionou em meio a mares bravios rumo a dias melhores. E, como no caso dos romanos, ali também a inovação teve papel marcante.

A Techint nasceu na Itália em 1945. Seu fundador, Agostino Rocca, lutou na Primeira Guerra Mundial (1914-18) e, uma vez estabelecida a paz, decidiu estudar engenharia. Hábil e talentoso, inovador e perseverante, chegou a diretor industrial de uma grande companhia italiana e tornou-se a grande força por trás do desenvolvimento da indústria do aço na Itália nos anos 1930. Mais tarde, decidiu tentar a sorte na América do Sul, "o novo mundo" – onde poderia encontrar "o pote de ouro que enriquece ou a miragem que leva à ruína", segundo o livro *O Desafio do Aço – Vida de Agostino Rocca*, de Luigi Offeddu (Fondazione Dalmine). Agostino deixou a Itália ao final da Segunda Guerra (1939-1945), logo após instalar, em Milão, o primeiro escritório da Companhia Técnica Internacional, que se tornaria Techint por sua abreviação telegráfica.

Imigrou para a Argentina, onde já tinha costurado uma sociedade com um empresário local, e estabeleceu em 1946 o primeiro braço sul-americano de sua companhia.

Uma vez em Buenos Aires, só lhe restava dar certo. Para isso, Agostino precisava de uma obra. Ofereceram-lhe a possibilidade de construir o gasoduto que traria gás do sul do país e aceitou. O sistema foi inaugurado em 1949.

Durante a jornada que o levou à Argentina, Agostino fez escala no Brasil, país que lhe pareceu fervilhante a ponto de, em 1947, inaugurar em São Paulo um braço da empresa recém-fundada. O DNA de inovador logo lhe angariou obras no país que crescia e perseguia o progresso. Em Minas Gerais, a Techint Engenharia e Construção fez o projeto da central de Salto Grande, no rio Santo Antônio, e a linha Salto Grande-Santa Lúcia, no rio Casca. Realizou ainda o sistema de oleodutos Santos-São Paulo. Todo o projeto da hidrelétrica e de eclusa de Barra Bonita, no interior paulista, foi executado pela construtora, que empregou aqui a técnica de parede diafragma: painéis de concreto, quase sempre armados, que são pré-fabricados ou moldados no local para conter escavações no subsolo. As obras foram iniciadas em 1957 e a primeira turbina foi acionada em 1963. Há 72 anos no Brasil, portanto, a Techint Engenharia e Construção é a mais antiga empresa de controle de capital internacional atuando de modo ininterrupto no Brasil na área da construção. "A inovação sempre foi o nosso fator de diferenciação", informa o diretor-geral da companhia no Brasil, Ricardo Ourique. "Queremos entrar em cada um de nossos empreendimentos para vencer e sair como a empresa que deixou um legado. Queremos que nos contratem para a próxima obra, porque oferecemos o novo 'engenheirado', nunca o novo a qualquer custo." Em 2018, Techint Engenharia e Construção empregava mais de duas mil pessoas no Brasil, com faturamento anual de 669,3 milhões de reais.

TRABALHE OBSESSIVAMENTE PELA VITÓRIA

A empresa forte de hoje foi se forjando ao longo de crises diversas, sempre acreditando na vitória. As mais recentes são, também, as mais memoráveis. Em 2011, a Techint Engenharia e Construção foi contratada pela OSX Brasil, empresa do Grupo EBX, para construir duas plataformas na zona portuária do Paraná. Uma delas já estava quase pronta quando, em 2013, em meio à quebra do EBX, o contrato foi cancelado. "Era o principal cliente que tínhamos à época", recorda Renato Andrade, gerente de Qualidade, Meio Ambiente, Segurança e Saúde Ocupacional no Brasil. "Não houve pagamento e tivemos uma exposição muito grande." Para Ricardo Ourique, diretor-geral, "a grande lição que tiramos é que tínhamos que olhar para a frente".

E a Techint olhou. Antecipou a crise que se instalou com força em 2013 e apresentou-se redonda, enxuta e pronta para o desafio seguinte: a construção da plataforma P-76, que entrou em operação no início de 2019 no campo de Búzios, no pré-sal da Bacia de Santos, com capacidade para processar até 150 mil barris de óleo por dia. A empresa chegou a ter cinco mil funcionários trabalhando na plataforma. A operação exigiu inovações incessantes, desde o processo de extração de petróleo, por meio da instalação de estruturas conhecidas como bocas de sino, até formas mais simples para descarte de resíduos. Muitas dessas iniciativas saíram do Programa de Inovação interno que possibilita a qualquer um cadastrar uma ideia. Foi assim com o projeto de um pórtico móvel visualizado e desenvolvido por um funcionário, Wilson Rosa, para agilizar a montagem das tubulações sobre a estrutura da plataforma. Rosa fez o desenho de sua inovação, apresentou-o à gerência, obteve aprovação e o pórtico foi não apenas construído, como exportado para outros países e premiado internamente.

Que qualquer profissional possa trazer ideias que otimizem processos e custos diz muito sobre o ambiente estimulante e amigável à inovação que se instaurou na Techint desde 2013, quando a área ganhou forte impulso. "Sempre privilegiamos o aporte de ideias, com um processo de formação de multiplicadores internos", explica Renato Andrade. "Se uma empresa mantém viva essa cultura de inovação, em algum momento um projeto disruptivo vai aparecer."

Vale mencionar ainda o "3D além da engenharia", tecnologia que leva informações de plantas industriais para a palma da mão dos operários no chão de fábrica em *tablets* e *smartphones*. Esse projeto conquistou o primeiro lugar na premiação 100+ Inovadoras, realizado pela IT Média, na categoria Indústria de Engenharia e Construção. Também na P-76 foi utilizada o EPCPlan, ferramenta de planejamento e controle disponível por meio de aplicativo para celular que atualiza o avanço da obra. Anteriormente, esses dados eram coletados por uma equipe de apontadores que usava planilhas impressas. A ferramenta inovadora integrou as áreas e reduziu a possibilidade de erros. Deu tão certo que foi exportada para projetos na Argentina, México, Chile e Peru.

A P-76 reequilibrou a Techint, mas, com a crise do setor de construção, sobrevieram novos desafios. Nas palavras do diretor-geral: "Há três anos, estávamos muito focados na indústria do petróleo e mineração. Nesse cenário, nos perguntamos quem poderiam ser nossos novos clientes e o que teríamos a oferecer a eles. Reafirmamos nossa identidade como empresa que prefere vender um produto integrado: fazemos a engenharia, o fornecimento de materiais e equipamentos, além da montagem eletromecânica e o comissionamento para a entrega ao cliente".

Estratégia definida, vieram novas obras, entre elas a execução de uma central térmica no Maranhão. Novamente, a inovação com conhecimento trouxe competitividade, custo menor e redução de exposição a acidentes.

Então, em dezembro de 2017, a Techint enfrentou a finalização de suas obras sem perspectiva clara de novos contratos. "Novamente nos reunimos para definir para onde estava caminhando o mercado de energia. Juntamos todas as informações que obtivemos e montamos uma estratégia. Fizemos um novo trabalho de inteligência que mudou nossa empresa", relata Ricardo Ourique. Sem se abater pela realidade dura do mercado de construção, os profissionais da Techint empenharam-se em provar sua capacidade interna, financeira e de inovação. Em um ano, cinco novos contratos foram assinados. "Entendemos que as crises são combustível para a mudança, e que, nessa mudança, nosso DNA de inovar e vencer é o diferencial", conclui o diretor. "O importante é ter sempre tenacidade."

IMPÉRIO DA INOVAÇÃO

EPÍLOGO
O QUE PODE PÔR FIM À CAPACIDADE DE INOVAR DE SUA EMPRESA?

EPÍLOGO | O QUE PODE PÔR FIM À CAPACIDADE DE INOVAR DE SUA EMPRESA?

Em 5 de outubro de 2011, quando nós e outros milhões de fãs pelo mundo vimos, atônitos, Steven Paul Jobs perder a batalha contra o câncer, jornalistas e estudiosos da inovação nos procuraram com uma pergunta curiosa (e talvez um tantinho maldosa): e agora?, queriam saber. Será que a Apple continuará sendo uma das empresas mais inovadoras do mundo? Sem seu gênio criativo, seguirá capaz de lançar produtos maravilhosos, que despertam paixão em seus clientes? Ninguém tinha a resposta. No entanto, fomos enfáticos e afirmamos que sim. Reiteramos nossa crença de que, mais do que lançar produtos sedutores, Steve Jobs tinha construído, peça por peça, uma empresa que era também uma máquina de inovação. Havia moldado cada componente organizacional e assegurado valores, atitudes e, acima de tudo, uma cultura que garantiriam inovação de qualidade por muitos e muitos anos.

Fazia mais de uma década que acompanhávamos no detalhe e com olhos de pesquisadores cada passo e cada mudança que Jobs vinha implementando na Apple. Como estava montando a estrutura organizacional da empresa. Quais valores procurava transmitir por meio de suas atitudes e exemplos, retratados em episódios pitorescos que viravam notícias e fofocas do mundo dos negócios. Quem estava preparando para sucedê-lo, e como seria essa transição. De que maneira recrutava e capacitava seus talentos. Bem, alguns anos se passaram e a Apple segue inovando e despertando entre consumidores do mundo todo verdadeira paixão por seus produtos.

Situação parecida ocorreu por volta do ano 2000, quando o autor Ernest Gundling resolveu publicar o livro *The 3M way to innovation: Balancing People and Profit* (*O Jeito 3M de Inovar: Equilibrando pessoas e lucros*, em tradução livre). A mídia e alguns estudiosos levaram seus protestos aos dirigentes da 3M, incluindo ao CEO à época, W. James McNerney Jr., ele próprio autor de um livro sobre inovação na companhia. Sua queixa era a seguinte: mas como? Vocês deixarão que se torne pública a sua fórmula tão bem-sucedida para inovar? Naquele momento a 3M era uma das empresas mais inovadoras do mundo; quase metade de seu faturamento vinha de produtos novos, lançados havia menos de três anos. Claro, todos tínhamos grande interesse em entender como faziam isso. A resposta da 3M foi ao mesmo tempo surpreendente e arrasadora: podem publicar o que quiserem. Podem copiar à vontade. Ninguém será capaz de reproduzir a cultura organizacional 3M, e é ela que nos assegura inovação permanente e de qualidade.

Os dois episódios relatados têm em comum uma importante lição. Não é um super-homem que move a inovação. Nem a tecnologia *per se*. Não basta reunir uma montanha de ideias para extrair delas alguma pérola. Não é assim que se faz inovação; tampouco há um segredo ou uma receita por trás das "máquinas de inovar e competir". A capacidade de uma organização inovar não depende exclusivamente de seus talentos, assim como Roma não dependia apenas de imperadores ungidos com poderes especiais. Não foi César que construiu uma civilização inovadora; longe disso: houve vários imperadores que, nos dias de hoje, passariam bem longe de cargos de liderança. As organizações inovadoras têm um alinhamento cujo objetivo é tornar possível que se inove permanentemente. Esse alinha-

EPÍLOGO | O QUE PODE PÔR FIM À CAPACIDADE DE INOVAR DE SUA EMPRESA?

mento abarca sua cultura, sua forma de organização, seus processos, a força e motivação de suas pessoas e todos os demais componentes do sistema empresarial. Pessoas talentosas e determinadas a fazer o novo estão sempre em primeiro lugar, e quando a força entre elas se dissipa, por diferentes fatores, coloca-se imediatamente em jogo a competência de seguir inovando e competindo.

Sendo assim, organizações não deixam de inovar e de ser inovadoras por falhas eventuais em um ou outro subsistema. A perda da capacidade de inovar, competir e crescer ocorre por múltiplas perdas simultâneas em vários dos subsistemas. Fissuras que vão se formando em uma estrutura até que, em determinado momento, toda a organização desmorona. Nesse momento cataclísmico, é comum atribuir o colapso a um ou outro fator que estiver mais evidente na hora, mas sabe-se que a verdade é outra. Que o desmonte vinha ocorrendo havia tempos; as rachaduras foram aumentando e se espalhando pelos vários pilares de sustentação da inovação. Mais rápida ou mais lentamente, os talentos deixam de se interessar pela organização, os processos já não funcionam como antes, as conexões com o ambiente externo e com os polos de inovação se deterioram até que, em determinado momento, as trincas chegam à cultura. Muitas vezes, os abalos no clima e na motivação das equipes são desencadeados pela busca de resultados a qualquer custo, por cortes inadequados na força de trabalho, por decisões ou mensagens erradas ou mesmo pela emergência de interesses pessoais e escusos. Os times perdem seu norte e se enfraquecem; desconectam-se dos exemplos e dos referenciais de liderança para a inovação. As crenças e os valores centrais que guiavam a inovação deixam de vigorar; as atitudes entram em declínio fazendo com que a inovação e a competitividade desapareçam.

Não foi diferente com o Império Romano.

Hoje sabemos que capacidade de gestão e de inovação dos romanos foi o que lhes permitiu dominar boa parte dos povos do planeta. No entanto, no século V, o Império sucumbiu. É comum lermos que isso ocorreu por causa das invasões bárbaras. Na realidade, os bárbaros e seus duros conflitos com Roma ao longo das fronteiras do império sempre representaram uma ameaça, desde o célebre saque da cidade, em 390 a.C. Sempre houve ataques e competição, mas a organização do Império, durante séculos, manteve-se capaz de superá-los. E os bárbaros que decretaram o fim do Império Romano em 476 não eram mais numerosos nem mais agressivos do que os derrotados por Roma várias vezes em séculos anteriores.

A verdade é que, de maneira lenta e irreversível, o Império Romano vinha se desintegrando de dentro para fora, perdendo a conexão com seu propósito maior de expandir-se e seu foco em inovação. Os valores organizacionais e a capacidade de gestão que fizeram de Roma a *caput mundi* (a cabeça do mundo) enfraqueceram pouco a pouco. As crenças e as bases da gestão de inovação foram desaparecendo e abrindo espaço para corrupção, abusos, conflitos, erros na administração interna e distanciamento dos povos vizinhos. A decadência era tão evidente que em 476, quando o bárbaro Odoacre destronou o último imperador romano, Flávio Rômulo Augusto, o fato quase não gerou espanto. Os primeiros sinais de instabilidade política, tensões sociais e má administração do império já eram visíveis havia dois séculos – para quem quisesse enxergar.

PAZ PARA CRESCER

Vimos nos capítulos anteriores que, antagonicamente às *startups*, empresas agigantadas têm muito mais dificuldade para inovar e mover-se na direção correta para acompanhar as mudanças da sociedade, das pessoas e do mercado. A gestão de um império colossal e povoado por gentes de diferentes origens e costumes, como o de Roma, demandava um poder central estável, forte e inteligente, capaz de garantir a paz dentro de todas as fronteiras e, ao mesmo tempo, promover o desenvolvimento comercial, tecnológico e cul-

EPÍLOGO | O QUE PODE PÔR FIM À CAPACIDADE DE INOVAR DE SUA EMPRESA?

tural dos povos que o integravam. A estabilidade política e a paz são requisitos básicos para que um país avance, enquanto guerras e revoltas internas dilaceram a população e destroem a infraestrutura, os meios de produção e os transportes, com repercussões negativas sobre o comércio e a economia. A partir de 29 a.C., quando Augusto pôs fim às grandes guerras civis romanas do século I a.C. (de 49 a 45 a.C. entre César e Pompeu; de 44 a 31 a.C., entre Otaviano e Marco Antônio), até o ano 180, quando morreu o imperador Marco Aurélio, os territórios sob o controle de Roma viveram uma substancial era de paz. Embora o Império ainda estivesse envolvido em guerras contra estados e tribos nas linhas limítrofes, especialmente contra os germânicos e os partas, povo seminômade que tinha expandido seu poder pela antiga Pérsia, as províncias romanas e o solo itálico não sofreram com guerras civis sangrentas. Tampouco houve graves invasões, como no século anterior pelos exércitos sob o comando de Aníbal, na Segunda Guerra Púnica. Até o século III, a maioria das cidades romanas não tinha sequer muros defensivos, o que é emblemático da sensação de paz que vigorava no império.

Esse sentimento de convergência, naturalmente, tinha a ver com o alinhamento das forças em torno de um ideal e propósitos claros. Em consonância, havia uma administração eficiente e um sistema jurídico justo, que garantiu a execução das leis e manteve a ordem respeitando as tradições republicanas. As duas forças, administrativa e jurídica, também reconciliaram as províncias e conseguiram pacificar regiões que tinham sofrido perdas e destruição por causa de disputas internas ou ataques externos. Promoveram ainda o progresso comercial e cultural de boa parte das regiões da Europa ocidental e da área mediterrânea. Suas populações viveram sob estabilidade e bem-estar nunca vistos antes e que, após a queda do Império do Ocidente, desapareceram rapidamente (e só muitos séculos depois foram retomados). Esse progresso foi favorecido por rotas marítimas seguras em toda a região do mar Mediterrâneo e por uma vasta rede de infraestrutura de transporte terrestre, com a construção de 80 mil quilômetros de estradas pavimentadas, mais de 900 pontes, torres de controle e estações de abastecimento e descanso. Esses empreendimentos conectavam Roma com as províncias mais distantes do império, da Grã-Bretanha à Mesopotâmia, do Oceano Atlântico ao Mar Cáspio.

O primeiro imperador, Augusto, governou com plenos poderes para garantir a estabilidade e a continuidade do Império. Ampliou as fronteiras e organizou um exército permanente de profissionais para defendê-las; acelerou o processo de integração e romanização; favoreceu o progresso cultural, de tal forma que seu tempo é considerado um dos períodos mais florescentes da história da literatura, pelo número e pela excelência de escritores e poetas. Também trabalhou pela beleza arquitetônica de Roma, transformando a cidade de tijolos em uma capital de mármores. Graças ao legado dessa gestão competente, Roma passou ilesa por todo o século I, mesmo quando vieram imperadores incapazes e dissolutos, como Calígula e Nero, e apesar da guerra civil que assolou o país entre 68 e 69. Houve, claro, outros imperadores que também eram bons gestores, como Nerva (96-98), cujo governo, segundo o historiador Tácito (56-117), viria a ser considerado um período "de ouro". No campo econômico, Nerva implementou uma política de incentivos e de redução de impostos para favorecer as comunidades itálicas, uma lei agrária para designar terrenos a não-cidadãos e a provisão de empréstimos a taxas subsidiadas, auxílio para famílias pobres e educação gratuita para órfãos. Anos mais tarde, Marco Aurélio iniciou uma política destinada a prestigiar outras categorias sociais, tornando possível aos habitantes das províncias alcançar os mais altos cargos da administração estadual, independentemente de sua riqueza ou das condições de nascimento.

EPÍLOGO | O QUE PODE PÔR FIM À CAPACIDADE DE INOVAR DE SUA EMPRESA?

AS LIÇÕES DO DECLÍNIO

Ao fim do principado de Marco Aurélio, as coisas mudaram. Sucedeu-o no trono de Roma seu filho Cômodo, que, hostil ao Senado, governou de forma precária, descuidando especialmente da política externa e preferindo se dedicar aos vícios da corte imperial e aos espetáculos de gladiadores – ele próprio se exibia nas arenas, com desempenho medíocre. Seus doze anos de governo foram marcados por comportamentos despóticos e megalômanos. Foi assassinado em 192 por seu mestre de luta, em um complô urdido pela amante de Cômodo, Márcia, e um grupo de senadores e guardas pretorianos. Seu sucessor, Pertinace, governou menos de três meses e também foi morto por guardas pretorianos.

Roma mergulhou, então, em uma espiral de instabilidade política. Foram mais de 21 imperadores em menos de cinquenta anos, de 235 a 284 (se considerarmos os usurpadores, esse número passa de sessenta!); uma verdadeira crise de liderança, como muitas vezes acontece ainda hoje em grandes corporações quando, de forma ansiosa e que beira a irresponsabilidade, trocam seus CEOs em períodos de tempo reduzidíssimos, sem dar a eles a oportunidade de implantar boa parte do que planejavam. Em Roma, especificamente, a crise trouxe desgovernos, guerras civis e invasões de bárbaros nas fronteiras, com grande perda de soldados e recursos, enfraquecimento do exército, rombo nos cofres do império, aumento da pressão fiscal, inflação, empobrecimento da população, redução no comércio, descontentamento geral e revoltas populares. O maior império do Ocidente começava a entrar em colapso.

Mas, mesmo em seu desmantelamento, o Império Romano pode oferecer lições preciosas para as organizações do nosso tempo. Em nossos estudos, identificamos quatro conjuntos de fatores que têm forte relação com o declínio de Roma e que são também pontos de atenção para qualquer empresa do século XXI, uma vez que podem pôr fim à capacidade de inovar de qualquer organização.

1 Perda de foco e de conexão com objetivos comuns e compartilhados.

As organizações estão cada vez mais preocupadas em estabelecer um propósito claro e capaz de assegurar engajamento das equipes. Fica evidente que é isso que as motivará, maximizando a retenção de talentos e exercendo papel fundamental sobre o *quantum* de energia que os profissionais colocarão para fazer com que a empresa inove e evolua. É justamente dessa energia que a inovação se alimenta. Desse propósito derivam as diretrizes e o foco central de ação e de trabalho das organizações inovadoras. Por outro lado, no instante em que as equipes gerenciais se distanciam dos objetivos genuínos e centrais da companhia, perde-se a conexão direta e inspiracional com a visão de futuro de como a organização deseja ser, da estratégia de inovação e da própria estratégia corporativa. Quando os líderes e as equipes começam a se voltar para si mesmos e para o que pessoalmente acre-

EPÍLOGO | O QUE PODE PÔR FIM À CAPACIDADE DE INOVAR DE SUA EMPRESA?

ditam que seja melhor para a organização, cada um de sua forma, as "trincas" da estrutura começam inevitavelmente a surgir.

É papel dos líderes, em especial do CEO, renovar a todo tempo os valores e os objetivos organizacionais, mesmo que em alguns momentos seu discurso pareça repetitivo e óbvio. Mostrar um propósito claro. Apontar o tempo todo para a "terra prometida" e descrever de modo vívido como ela é maravilhosa e importante. Conectar cada indivíduo com essa visão de futuro da empresa inovadora, para que as equipes vibrem em uma mesma frequência; assim, a energia fluirá diretamente para as baterias da inovação de cada um e as recarregará com capacidade de gerar valor ao cliente, às partes interessadas e à sociedade. Essa é a dinâmica de inovação da empresa. Ninguém deve pensar que inovação é de competência exclusiva de um departamento, de um processo isolado de geração de ideias ou mesmo atribuição de algumas pessoas especiais.

No final de 2015, participamos de um trabalho de apoio às equipes da PagSeguro *(ver páginas 57 e 58)*; a ideia era que estabelecessem sua estratégia de inovação e a desdobrassem em pilares principais organizando as ações que cada time deveria empreender. O trabalho foi comandado pelo CEO à época, Juan Fuentes, um líder carismático e integrador que usa toda sua energia e capacidade de liderar para manter as equipes focadas e trabalhando para alcançar metas previamente construídas em consenso. Naquele momento, o objetivo era crescer pela via da inovação e alcançar a condição favorável para uma abertura de capital nos Estados Unidos. A "terra prometida" estava explícita, o que se revelou fundamental para que a liderança tivesse um alto nível de engajamento e força. A PagSeguro tinha uma estratégia de inovação e suas equipes trabalharam sem descanso: planejaram e estabeleceram as metas em cada uma das áreas, escolheram os projetos mais impactantes, ajustaram de comum acordo os recursos dos quais necessitariam, arregaçaram as mangas e entregaram-se com foco total ao que era preciso fazer.

Em janeiro de 2018, a PagSeguro estreou na Bolsa de Nova York com o maior IPO de uma companhia brasileira desde 2013 e valor de mercado estimado em 9 bilhões de dólares.

Para nós, que havíamos trabalhado ombro a ombro com o time, foi a confirmação de que é importantíssimo ter uma clara e compartilhada visão de futuro da empresa inovadora, destacando-se no campo da inovação e encantando consumidores com produtos extraordinários e serviços de alto impacto. Essa imagem deve ser repetida o tempo todo, como uma espécie de mantra da organização. Na Roma antiga, tal visão foi se dissipando e dando lugar à instabilidade política, a conspirações e ao enfraquecimento dos recursos internos.

Encaixa-se nesta lição a dimensão estratégica da comunicação, que é essencial para a vitalidade da inovação. Importante ter claro quem comunicará permanentemente, quais conteúdos, para que diferentes públicos (internos e externos) e por quais meios. Comunicar é uma estrada de múltiplas vias: tão importante quanto informar o norte para as equipes é saber ouvi-las, compreender suas preocupações e angústias. Fortalecer a inovação com a visão de cada colaborador. Respeitá-los. Significa muito mais do que dar bom dia ou tapinhas nas costas; significa abrir-lhes caminho. Dar-lhes poder e autonomia para experimentar e errar. Para que acreditem em si mesmos. Dentre as várias formas e canais de comunicação, na Roma antiga surgiu a prática de pichar: por escritas nos muros e paredes, a população mandava mensagens, muitas vezes duras, aos líderes do Império. Vale pensar: que canais podem ser usados para que as equipes na sua organização possam se comunicar? Há uma multiplicidade enorme. Considere também que a ausência de comunicação é logo interpretada como ausência de controle e gestão. No caso da autoridade imperial, fragilizaram-se as regiões mais longínquas, de fronteiras. O governo central em Roma foi percebido como ausente e distante, incapaz de proteger os interesses dos grandes proprietários de terras fronteiriças. No caso das empresas, perde-se muitas vezes a conexão com o cliente. As pessoas na linha de frente preocupam-se mais em olhar para trás, ansiosas para tentar interpretar os movimentos que estão ocorrendo na gestão da empresa e na concorrência, do que propriamente em focar no cliente. Quando se voltam para dentro, para a organização, desconectam-se de quem realmente interessa e assegura os negócios e as possibilidades de inovar. Essa rachadura terrível leva a inovação à míngua.

Em Roma, sob o Império, a autoridade política do Senado, que incluía entre seus membros muitos nobres e os homens mais ricos e influentes, tornou-se substancialmente nominal; pouco a pouco, a instituição passou a desempenhar apenas um papel tradicional e honorífico. Os senadores ainda retiveram alguma influência sobre as províncias, mas sem autoridade real; seus poderes legislativos, em época imperial, eram sobretudo de natureza financeira e administrativa. Porém, mesmo com a autoridade reduzida, o Senado conservou ainda por um tempo sua força simbólica, enquanto, em teoria, elegia o novo imperador: eram os senadores que, em conjunto com as assembleias populares, conferiam o *"imperium"*, ou seja, o "comando do império". Por volta de 300, porém, o imperador Diocleciano determinou uma reforma constitucional que permitia ao imperador assumir o poder mesmo sem o consenso do Senado, privando esse órgão, assim, do seu status de depositário formal do poder supremo.

De volta à realidade das empresas, por exemplo, pensemos na escolha de sucessores para os cargos de liderança, feita, na maioria das vezes, por alguns poucos diretores juntamente com aquele que está deixando a função. Consideremos a gestão das subsidiárias estrangeiras de multinacionais ou das redes de concessionárias e agentes no território local; se não houver gerenciamento, monitoramento e orientação cuidadosos por parte da administração central, existe o risco de dissipação de energia e de decisões locais autônomas, que podem levar à deterioração da percepção do cliente sobre a marca e à perda de negócios.

2 Deterioração da confiança

Na Roma antiga, a confiança foi se deteriorando ano a ano. Nem mesmo o fortíssimo propósito de inovar e expandir-se conseguiu contrapor-se à perda de confiança. Não só no que se refere às relações internas do império, mas na capacidade de Roma de avançar e vencer batalhas. Aliás, a perda de confiança nunca vem em uma só dimensão. Ela se inicia em algum ponto, caracteriza-se por episódios – às vezes pequenos – e rapidamente se espalha como um arrasador *tsunami* sobre as organizações que passam por esse tipo de crise. E, claro, não há inovação em um ambiente no qual não existe confiança. Confiança plena, multidirecional, soberana. Ela é componente essencial em qualquer organização, em especial nas que inovam permanentemente. Confiança dos líderes na capacidade e no comprometimento de suas equipes para fazer o melhor possível. Confiança dessas equipes, por sua vez, nos líderes e no futuro da organização para a qual trabalham. Confiança entre pares. Confiança em nível individual, na própria intuição e capacidade de realizar. Enfim, confiança em todas as suas dimensões e sentidos.

Não é à toa que muitas empresas inovadoras têm procurado implantar símbolos que reforcem a incondicional confiança. O CESAR, Centro de Estudos e Sistemas Avançados do Recife, ergueu, logo na recepção, um poderoso símbolo de confiança: uma lojinha sem funcionários, na qual cada um é responsável por pegar o que quiser e depositar espontaneamente o pagamento em uma caixa. Trata-se de uma espécie de tributo à honestidade. E um símbolo. Funciona como um cartaz no qual estivesse escrito, logo na entrada: "Aqui somos todos honestos. Podemos ter uma loja que opere dessa maneira. As pessoas que trabalham aqui não farão nada em desacordo porque, se fossem desonestas, nem sequer pertenceriam a essa organização". O exemplo da lojinha pode parecer um detalhe menos relevante. Mas cuidado: é justamente nos detalhes que a confiança se constrói ou é arruinada. Tendemos a classificar os detalhes como

EPÍLOGO | O QUE PODE PÔR FIM À CAPACIDADE DE INOVAR DE SUA EMPRESA?

pormenores, mas são coisas diferentes. Detalhes são fatos, acontecimentos, colocações etc. aparentemente pequenos, porém muito significativos. Se não fosse assim, sequer seriam notados. Pormenores muitas vezes não são notados, mas detalhes podem mudar tudo. Há um dito popular segundo o qual o diabo está nos detalhes. Os anjos também. Na maioria das vezes, não precisaríamos fazer algo, mas, fazendo-o, construímos confiança. Arquitetos e promotores da confiança, líderes confiáveis diferenciam-se quase sempre pelos detalhes.

Confiança também é combustível para arriscar e experimentar, que são passos essenciais para chegar à inovação. É força para avançar em momentos difíceis, marcados por incertezas, que são comuns no cotidiano das organizações.

Algumas vezes, seja pelo estilo de liderança de um novo líder, seja por acontecimentos nas organizações, a confiança é colocada à prova. Pior: é abalada. Nesse momento, a capacidade de inovar também se enfraquece. Em nossa trajetória atuando como consultores, foram diversas as circunstâncias nas quais vimos a confiança ser arranhada e a inovação paralisar-se. Desde 2007, trabalhamos com algumas das mais importantes empreiteiras do Brasil. O volume e a qualidade das inovações nessas empresas foram gigantescos até 2015; novos materiais, métodos construtivos e equipamentos sofisticados colocaram o Brasil na liderança no que se refere à aplicação de inovações na infraestrutura. Os impensáveis resultados atingidos no campo da extração de petróleo em alta profundidade são um dos feitos que a inovação permanente possibilitou. A Petrobras ganhou destaque mundial por conta da intensidade e qualidade das suas inovações – até surgirem fatos que causaram duros abalos na confiança que o mercado depositava na companhia. Não há como negar os impactos da crise de confiança sobre a área técnica dessas empresas e sobre sua capacidade de inovar. Muitos anos ainda serão necessários para que sua força da inovação se restabeleça.

Em Roma, as lutas pelo poder e a escalada dos planos individuais, em especial entre os senadores e pessoas em torno dos imperadores, criaram uma explosiva crise de confiança que chegou até as instituições, abalando-as violentamente. Prevaleceram os interesses pessoais e de facções, e não os interesses gerais do império. A partir do século III, as guerras internas se sucederam com tal frequência que acabaram causando progressiva perda de recursos humanos e monetários, tornaram inseguras as viagens marítimas e terrestres e dificultaram a produção e o comércio de bens, entre outros prejuízos à harmonia e a eficiência do Império. Sob permanente ataque de povos bárbaros, que traziam massacres e destruição, os grandes proprietários de terras das províncias remotas do império viram-se desassistidos e, pouco a pouco, perderam a confiança na capacidade dos imperadores de governar para todos. A falta de intervenções oportunas pelo poder central, então, levou esses proprietários e os soldados estacionados nas fronteiras a um descontentamento aberto com a autoridade imperial; restava a eles apoiar as ambições dos generais romanos locais, que foram proclamados imperadores pelas tropas e decidiram confrontar Roma para substituir o imperador. A situação agravou-se de tal maneira que, quando Lúcio Domício Aureliano, um grande comandante, foi eleito imperador (cargo que exerceu entre 270 e 275), Gália e Britânia, a Grã-Bretanha de hoje, até então subordinadas a Roma, haviam se estabelecido como estados autônomos; os territórios da Ásia e do Egito tornaram-se, de fato, governados por autoridades hostis a Roma; e vastas regiões romanas, como a Dácia e o território entre o Reno e o Danúbio, tiveram que ser abandonadas definitivamente à "gestão dos bárbaros". O Império estava à beira do colapso.

Aureliano, porém, era um general inteligente e perseverante. Dedicou-se com admirável energia à restauração da ordem e da segurança no império, derrotando bárbaros, rebeldes e usurpado-

EPÍLOGO | O QUE PODE PÔR FIM À CAPACIDADE
DE INOVAR DE SUA EMPRESA?

res e retomando parte dos territórios que haviam se distanciado de Roma. O Império viveu então um breve florescimento, e nesse ínterim a inovação voltou a surgir. Houve uma importante reforma monetária, cujo objetivo era eliminar a corrupção e a ineficiência na cunhagem das moedas de prata. Além disso, em 271 Aureliano ordenou a construção em Roma de uma imponente obra pública defensiva com portas de entrada monumentais e grandes torres de vigia e defesa, as chamadas Muralhas Aurelianas, outro grande exemplo da engenharia e da inovação romanas. Construída em alvenaria ao longo de cinco anos de trabalho ininterrupto e vultuosas despesas, a muralha tinha quase 19 quilômetros de comprimento e cerca de oito metros de altura e 3,5 metros de espessura, com passagens descobertas protegidas por ameias, 383 torres quadradas, 2066 grandes janelas e 16 portas principais. Ainda que se tratasse de uma obra monumental e inovadora, as Muralhas Aurelianas já eram emblemáticas da profunda inquietação que se espalhara pelo Império, não mais considerado inviolável. Não foram suficientes para proteger Aureliano, assassinado por seus próprios guardas em 275 – uma morte que cobriu o reino de luto e pôs fim ao interregno. (Ainda hoje restam cerca de 12,5 quilômetros da construção, boa parte deles bem preservados).

Se no Império Romano as questões derivadas da quebra dos laços de confiança ficaram sem resposta, felizmente hoje se sabe que há antídotos para isso: os mais eficazes são as relações transparentes, o exemplo vivo dos líderes e a coesão da equipe gerencial, combinada com a determinação e o pragmatismo no exercício do poder e das funções.

A partir dos fatos da Roma antiga, fica claro que, mesmo em tempos de graves lutas internas, quando líderes capazes, como Septímio Severo, Aureliano, Diocleciano e Constantino, chegavam no comando, não havia possibilidade de invasão; o exército romano se confirmava imbatível, "o melhor" absoluto.

3 Metas puramente financeiras e foco no curto prazo

A inovação, para acontecer, depende de métodos, mas especialmente de um estado mental favorável das pessoas. Quando metas de curto prazo se sobrepõem à inovação; quando produzir, entregar e faturar é o que conta; quando a busca por bônus, o retorno ao acionista e os resultados a qualquer preço ganham mais destaque do que a capacidade de a organização inovar e encantar seus clientes, abre-se uma profunda e letal trinca na gestão – e em especial na gestão da inovação. É comum encontramos empresas que não conseguiram manter a inovação e sucumbiram à força dos resultados numéricos e financeiros, atuando em reduções indiscriminadas de custos para produzir resultados que logo em seguida se mostraram insustentáveis.

A Giroflex, centenária fabricante de cadeiras e móveis fundada na Suíça e presente no mercado brasileiro desde os anos 1950, sempre foi vista como a "Rolex" do mobiliário de escritório pela alta qualidade, vanguarda tecnológica, inovação e pelo design de seus produtos. As cadeiras Giroflex eram, de longe, as mais caras do mercado. Eram também as mais desejadas e vendidas, com direito a uma vitrine na TV aberta brasileira: um de seus modelos ocupava o centro do programa Roda Viva, de entrevistas, exibido pela TV Cultura. A confiança na qualidade dos produtos era tanta que a empresa oferecia garantia vitalícia a quem comprasse uma cadeira Giroflex. Foi também quem primeiro introduziu a preocupação com a ergonomia e o conforto no local de trabalho. Em 2011 os acionistas fundadores decidiram vender a empresa para um fundo de investimentos, que rapidamente trocou os gestores e racionalizou os custos ao extremo: reduziu a força de trabalho, terceirizou etapas da produção e enxugou as equipes técnicas. Alguns componentes, como as rodas, que até então eram fabricados internamente – o que lhes assegurava a qualidade – passaram a ser comprados prontos da China. Claramente não tinham a mesma durabilidade das rodas originais, mas eram muito mais baratas e aumentavam bastante a margem de contribuição dos

EPÍLOGO | O QUE PODE PÔR FIM À CAPACIDADE DE INOVAR DE SUA EMPRESA?

produtos. Assim foi ocorrendo com outros componentes. As equipes de gestão foram sendo reduzidas e o foco voltou-se unicamente para produzir cada vez mais e com menor custo. Ganhos rápidos, sem grande compromisso com a inovação e qualidade. Em apenas dois anos a empresa desmoronou, encerrando uma história de décadas de sucesso no Brasil.

Roma viveu um processo semelhante de busca por benefícios imediatos sem uma estratégia de médio e longo prazo. No século III, para fazer frente a crescentes gastos com conflitos incessantes, a casa da moeda romana acelerou a emissão de moedas – porém, reduzindo progressivamente o teor de metais preciosos sem alterar o valor de face. Além disso, os trabalhadores da casa, com provável cumplicidade dos senadores, passaram a fraudar o Estado substituindo a prata da cunhagem por metais baratos – até o ponto em que as moedas "de prata" tinham cerca de 54% do valor nominal desse metal. O efeito foi uma inflação descontrolada, à qual o imperador da época, Aureliano, pôs fim com um confronto sangrento e uma subsequente reforma monetária.

A linguagem das finanças puras, na verdade, não conversa com a da inovação. Quanto mais radical a inovação for, mais margem e lucros ela poderá proporcionar. Por outro lado, mais difícil será quantificar com precisão os ganhos que proporcionará, e maiores serão os riscos. Assim, nas empresas de metas financeiras, os inovadores se veem sem discurso convincente. Muitas vezes estão trabalhando em algo inteiramente novo, nunca testado antes, e logo os financistas vêm perguntar: em quanto tempo isso vai dar retorno para nós? Qual é o real tamanho desse mercado? Quanto tempo vai demandar para que os consumidores se apaixonem e atinjamos os volumes esperados? Essas e mais um milhão de perguntas do mundo das finanças e do resultado rápido que simplesmente não fazem sentido para a organização que almeja seguir inovando. A situação pode até se agravar: é possível que haja erros no início da inovação; que surjam necessidades de investimentos não previstos antes; perdas; e "o mais abominável": pode não dar certo. Como possibilitar o convívio da inovação com uma visão de curto prazo e resultados financeiros? As métricas são outras, as dinâmicas diferentes, o foco é diverso. É quase como perguntar a uma criança de dois anos que há pouco começou a falar e a andar: o que você vai ser quando crescer? Com quem vai se casar? É um idioma incompatível. Focar no curto prazo e buscar resultados rápidos e certeiros: essa forma de gerenciar é uma condenação à morte para a capacidade de inovar.

4 Ações descontroladas e perda de conexões com ecossistema

Vivemos em uma era na qual todos estão conectados a tudo o tempo todo. Pessoas, empresas, centros de pesquisa e inovação, professores universitários e pesquisadores, *startups*, etc. Todos esses agentes estão cada vez mais trabalhando juntos, configurando verdadeiras redes de inovação. E isso passa a ser uma característica central dos novos modelos de gestão para a inovação. Tais arranjos funcionam muito bem para a estruturação de estratégias e alcance de metas e resultados de inovação. Mas também operam – e na maioria das vezes – para o mal. Os ambientes de conexão são focos de rápida formação de detratores e de difusão de erros cometidos pelas empresas. Não é preciso muito, portanto, para destruir uma organização. Esse efeito é ainda mais acentuado no que se refere às empresas inovadoras. Em sua maioria, essas companhias construíram e mantêm ao seu redor uma extensa e complexa teia de relacionamentos permanentemente alimentada com informações. Estão ligadas ao que passou a ser chamado "ecossistema de inovação". Têm relações muito próximas com seus fornecedores e com seus clientes. Múltiplos agentes, interesses nem sempre muito alinhados e necessidade de interagir de modo diferente com cada um, mantendo uma relação de alto nível e de sinergia. Nada fácil! Se em um vínculo simples cliente-fornecedor às vezes é difícil equilibrar interesses, imagine como seria estar no centro dessa teia.

EPÍLOGO | O QUE PODE PÔR FIM À CAPACIDADE
DE INOVAR DE SUA EMPRESA?

Atualmente, as corporações têm intensificado suas conexões com as startups, como se viu no capítulo "Integre conhecimentos e fortaleça a cultura para a inovação" *(ver página 30)*. Empresa menores, desestruturadas e operadas, em grande parte, por jovens empreendedores *millennials* e geração Z. Toda atenção é pouca para construir com eles vínculos positivos e prósperos. Tornou-se comum assistir a movimentos atabalhoados de algumas empresas que, acreditando estarem se abrindo para a inovação ao se conectar com startups, acabam protagonizando verdadeiros fiascos. Para avançar nesse campo, não é suficiente lançar um desafio na *internet* ou anunciar programas de inovação aberta para mobilizar *startups*: é essencial estar preparado para lidar com elas e saber antes o que se pretende com a aproximação. Estudos recentes da equipe da one hundred startups (www.openstartups.net), empresa brasileira pioneira e especializada em promover a conexão entre corporações e *startups* em diversos países do mundo, revelaram que mais de 70% das grandes organizações buscavam *startups* apenas como fornecedores. Não para investir nessas empresas nem para incorporá-las ou potencializá-las, mas sim para obter um fornecedor barato, rápido e carregado de inovação. Alguém que tome riscos por elas. Que lhes ensine como fazer inovação radical. Essas bases, é óbvio, não podem sustentar um relacionamento adequado. Ao contrário: podem impactar inclusive a relação de confiança, abalando-a perigosamente. Muitas vezes fomos chamados por corporações que iniciaram programas de inovação aberta pelo caminho errado e acabaram por produzir quase nada de inovação – mas um oceano de detratores. Empresas pequenas e superconectadas que expõem sua experiência ruim com as corporações diretamente no ecossistema geram um impacto pesado e negativo para as organizações que tentaram associar-se a elas.

Certa vez, trabalhamos para uma empresa que, por meio de uma prática estabelecida, demonstrava de maneira inequívoca ao ecossistema – e a quem mais quisesse ver –, e da forma mais desastrada possível, que seu foco era o curto prazo. Que as metas individuais estavam acima dos objetivos da empresa e de um propósito maior. A prática era a seguinte: nos últimos dois meses do ano, ela parava de pagar seus fornecedores, de modo que os resultados contábeis no fechamento eram inflados artificialmente. Os gestores recebiam seus bônus e em janeiro do exercício seguinte os pagamentos em atraso eram saldados com juros elevadíssimos; então, tudo voltava ao normal. A prática era tão arraigada que os fornecedores sabiam e até se preparavam para essas lacunas de pagamento. Acionistas, gestores, fornecedores – todos estavam perfeitamente confortáveis com isso. Como o procedimento era antigo e os principais executivos (mesmo quando havia troca) nunca tiveram a coragem de assumir e resolver o problema, ele se repetia ano após ano. Pode-se imaginar o que o mercado pensava da empresa e de seus gestores. E, claro, qual era a imagem daquela companhia em todo o ecossistema. Roma viveu um desgaste parecido sob Trajano (96-117), quando três governadores nomeados e controlados pelo Senado administraram de maneira desprezível as províncias sob seu controle, causando descontentamento, desonra para o Império e contribuindo para esgarçar os laços de confiança entre governo e províncias.

TRINCAS DE CIMA PARA BAIXO

Note-se que, apesar de termos segmentado os principais aprendizados que jogam por terra a capacidade de inovar de uma empresa, há uma forte conexão entre eles. Mais do que isso: um desencadeia o outro, acelerando a velocidade com que as trincas da inovação, a princípio lentas, se propagam, levando a um desmoronamento rápido e total em pouquíssimo tempo. Importante também observar que as atitudes dos líderes estão no centro de todas as lições ou causas de declínio da inovação; nem a tecnologia nem as questões de contorno são tão letais quanto a má intenção dos gestores. Metaforicamente, pode-

EPÍLOGO | O QUE PODE PÔR FIM À CAPACIDADE DE INOVAR DE SUA EMPRESA?

ríamos dizer que, a exemplo do que ocorreu em Roma, as trincas nos muros começam de cima para baixo. No caso que relatamos, há uma clara combinação de diluição de objetivos comuns, deterioração dos níveis de confiança, metas financeiras acima da inovação e ações descontroladas que contaminam a imagem da empresa no ecossistema da inovação. As quatro lições sobrepõem-se como um veneno mortífero para a inovação e para a capacidade de competir da empresa.

De certa maneira, o colapso do Império também veio após uma desconexão com o ecossistema que, durante séculos, contribuiu para a consolidação do poder central. Roma sempre gerenciou a integração de povos vencidos de maneira a conferir mais valor ao próprio sistema organizacional. Os bárbaros foram importantes para o império enquanto Roma foi um modelo de organização, civilização, progresso cultural e tecnológico; eles queriam integrar-se e tornar-se romanos. No entanto, sem uma liderança firme e um processo gerencial eficaz, uma sociedade pode entrar – e entrou – em colapso sob seu peso. Para o historiador Alessandro Barbero, enquanto Roma tinha uma política de integração, os fluxos migratórios fortaleceram o império, mas depois, com a corrupção e a ineficiência, adveio o desastre. Sob governos descontrolados e incompetentes, os mecanismos brilhantes de assimilação que o poder romano havia criado emperraram.

O verdadeiro motivo do declínio do Império Romano foi a perda de sua capacidade de continuar inovando positivamente e de sua força e competência na gestão. O império desintegrou-se de dentro para fora. Quando isso ocorre em uma organização, de nada adianta atribuir o insucesso à redução nos resultados financeiros ou à queda de indicadores numéricos, que os executivos tanto amam e que os conselhos de administração controlam; esses são apenas os pequenos sintomas aparentes da perda da capacidade de inovar, uma doença silenciosa, invisível que acomete as empresas. Se existisse um *pet scan* organizacional, e só assim, seria possível identificar as trincas, mas, em geral, é tarde demais. Debaixo do nariz de dirigentes competentes ruíram as Kodaks, Blockbusters, Engesas, para citar um caso bem brasileiro, e tantas outras máquinas de inovar que foram emperrando até travar de vez.

Erram os gestores que, querendo fortalecer a inovação, focam em aumentar a geração de ideias em suas empresas. Seu verdadeiro e principal papel é o de assegurar permanentemente as condições para que boas ideias prosperem e se tornem inovações de sucesso. Uma missão mais ampla e desafiadora, para a qual poucos dirigentes estão realmente preparados. Esperamos, com este livro, oferecer uma contribuição. Uma reflexão sobre o que funciona e o que deteriora a capacidade de inovar em sua organização. Sem modismos, pirotecnia ou movimentos de *marketing* para simplesmente aparecer como empresa inovadora, enquanto as fundações trincam e estão prestes a ruir.

Lições claras, objetivas, que a história, ao se repetir, nos ensina. Que não são propriamente originárias do Vale do Silício, da China vanguardista nem de Israel. Aprendizados que muitos líderes talvez até já conhecessem, mas cuja magnitude e impacto sempre foram subavaliados.

Roma, a maior, mais próspera e mais longeva organização da história da humanidade, com sua ascensão e queda, ensinou às empresas do nosso tempo o que é preciso fazer para tornarem-se organizações inovadoras. Mostrou também o impacto da inovação sobre a prosperidade.

O QUE PODEMOS CONCLUIR?

É intrigante olhar para trás e verificar que, há mais de 2 mil anos, o conjunto de diretrizes organizacionais que assegurava prosperidade e sucesso seja praticamente o mesmo dos dias de hoje. Mais chocante ainda é constatar que, mesmo assim, a maioria das corporações segue relutante em adotá-lo integralmente. As linhas gerais de uma gestão para a inovação têm sido objeto de estudo permanente. Reaparecem

EPÍLOGO | O QUE PODE PÔR FIM À CAPACIDADE
DE INOVAR DE SUA EMPRESA?

com novos nomes, são refinadas e ganham sofisticação, mas, no fundo, são elas mesmas. Essa amálgama geradora de sucesso resulta de uma "equação" cujos parâmetros são: diretrizes/ capacidade de inovar / desenvolvimento e crescimento. Se pararmos para pensar, é isso, afinal, que diferencia os seres humanos das demais espécies vivas que habitam o planeta: nossa capacidade de nos organizarmos e de melhorarmos o que existe, e, ao mesmo tempo criarmos o novo – aliás, uma definição objetiva e clara da inovação. É com essa receita que se conquista um cliente, se adquire supremacia em um mercado, se domina um inteiro setor. Foi com a capacidade de inovar que os humanos dominaram a terra e, mais recentemente, o espaço.

Para dirigentes e organizações que ainda têm dúvidas sobre se colocaram seu motor da inovação para funcionar em plena potência, ou não estejam totalmente certos de que comandam verdadeiras usinas de inovações, como foi Roma, fizemos uma síntese esquemática das recomendações centrais deste livro. Pode-se facilmente imaginar que elas emergiriam com grande similitude tanto de uma conversa longa e profunda sobre inovação com Júlio Cesar quanto de uma reunião de trabalho com Satya Nadella, o endeusado diretor executivo da Microsoft.

Fatores que alavancam:
1 – Integre conhecimentos e fortaleça a cultura para a inovação;
2 – Tenha uma estratégia clara para inovar;
3 – Fortaleça o senso de pertencimento;
4 – Capacite as pessoas para inovar;
5 – Melhore o que já faz e crie o novo;
6 – Repense o modelo de gestão para a inovação;
7 – Trabalhe obsessivamente pela vitória.

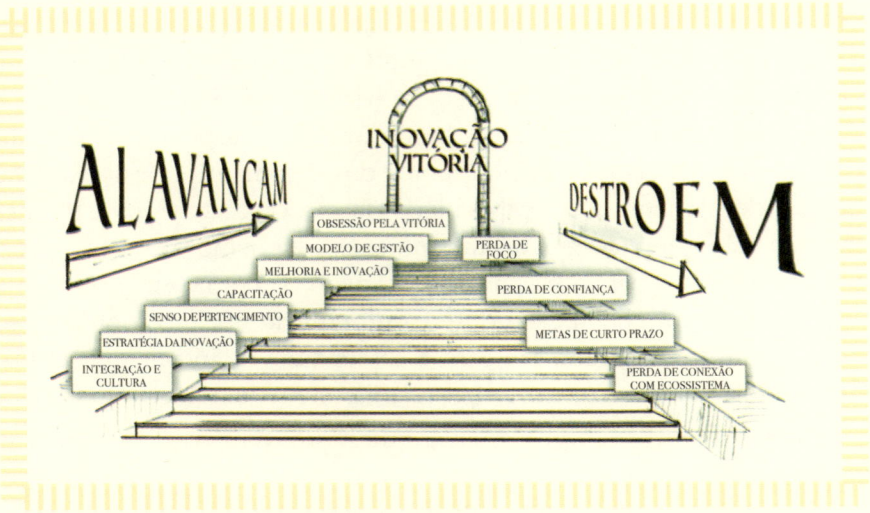

(As lições de Roma para sua empresa se tornar mais inovadora)

Fatores que destroem:

1 – Perda de foco: Não deixe que as equipes se desconectem dos objetivos estratégicos. É do líder o papel de assegurar convergência;

2 – Perda de confiança: A confiança é essencial para a inovação. Em todos os sentidos. Preserve-a acima de tudo. Combata os fatores, atitudes e circunstâncias deletérias;

3 – Metas de curto prazo: Não caia na armadilha de pensar inovação como algo de curto prazo. Invista, acredite e persevere. Os resultados demorarão a aparecer;

4 – Perda de conexão com ecossistema: Garanta conexões máximas internamente e com o ecossistema (todos os atores). Mesmo as aparentemente secundárias. É delas que dependerá o sucesso das inovações.

EPÍLOGO | O QUE PODE PÔR FIM À CAPACIDADE DE INOVAR DE SUA EMPRESA?

Essa síntese pode servir como roteiro ou até mesmo permitir um autodiagnóstico organizacional em termos potência para inovar e desenvolver-se. Para isso, bastaria avaliar a realidade da organização nos dias de hoje e compará-la ao conteúdo de cada uma das sete lições. Vale considerar também a presença dos fatores letais, representados pelas quatro componentes de sustentação. Atribua notas de 0 a 10 a cada item; no caso das sete lições, 10 significa que aquele traço é muito presente e 0, totalmente ausente. Para as quatro colunas de sustentação, 0 corresponderia a reconhecer como ameaça real e existente e 10 como totalmente ausente.

Sintetizar o conhecimento organizacional construído ao longo de mais de dois mil anos foi o grande desafio que se apresentou para nós na elaboração deste livro. Além disso, tínhamos que disponibilizar esse conhecimento de uma forma didática, acessível. O texto tinha que ser inspirador e capaz de provocar mudanças e ações, quer nas mãos do CEO de uma grande corporação, quer de um pequeno empresário ou um empreendedor individual. Enfim, queríamos que qualquer gestor pudesse se beneficiar dos nossos aprendizados de tantos anos porque acreditamos que eles têm potencial para produzir empresas melhores, uma sociedade melhor e, consequentemente, um mundo melhor. Esperamos, sinceramente, ter alcançado esse objetivo.

Bibliografia

BIBLIOGRAFIA

ANDREAE, Bernard e outros. *Princeps Urbium, cultura e vita sociale dell'Italia romana*. Italia: Libri Scheiwiller, 1991.

BRIZZI, Giovanni. *Metus Punicus*. Italia: Editora Angelini, 2012.

_____. *Il guerriero, l'oplita, il legionario. Gli eserciti nel mondo classico*. Bologna: Società editrice Il Mulino, 2008.

CARVALHO, Marly Monteiro de. *Inovação: estratégias e comunidades de conhecimento*. São Paulo: Editora Atlas, 2009.

CHAMPLIN, Edward. *Nerone*. Italia: Editora Laterza, 2005.

CHESBROUGH, H. "The Era of Open Innovation", *MIT Sloan Management Review*, abril de 2003. Disponível em https://sloanreview.mit.edu/article/the-era-of-open-innovation/, acesso em 15/set/2019.

CHRISTENSEN, C. & RAYNOR, M. *O crescimento pela inovação*. São Paulo: Editora Campus, 2003.

CHRIST, Karl. *Annibale*. Italia: Editora Salerno, 2005.

CUMMING, B. S. "Innovation overview and future challenges". *European Journal of Innovation Management*, Vol. 1, n.1, 1998, pp. 21-29.

DAVENPORT, T.H., PRUSK, L & WILSON, J. H. "Who's bringing you hot ideas (and how are you responding)?" *Harvard Business Review*, Fevereiro, 2003, pp. 22-31.

DAVILA, T., MARC, J. EPSTEIN & ROBERT, S. *Making innovation work: how to manage it, measure it and profit from it*. Pearson Education: University of Pennsylvania, 2006.

DOBSON, Michael. *The Army of the Roman Republic*. Estados Unidos: Editora Oxbow Books, 2016.

FAZZINI, Gianni, *Augusto. Ritratto di un impero*. Italia: Editora Greco & Greco, 2015.

FLORIDA, R. & GOODNIGHT, J. "Managing for creativity". *Havard Business Review*, Julho – Agosto, 2005, pp. 12-21.

FREDIANI, Andrea. *Le grandi battaglie di Roma antica*. Italia: Editora Newton & Compton, 2003.

FREDIANI, Andrea. *I grandi generali di Roma antica*. Italia: Editora Newton & Compton, 2008.

GAIO, Giulio Cesare. *De bello civili*. Italia: Editora Arnoldo Mondadori, 1989.

_____. *De bello gallico*. Italia: Editora Arnoldo Mondadori: 1992.

GIBBON, Edward. *Declino e caduta dell'Impero romano*. Italia: Editora Mondadori, 1990.

GIARDINA, Andrea. *L'uomo romano*. Italia: Editora Laterza, 1997.

INNOVATION STYLES, *Idea-generation technique: introduction guidelines idea-generator for modifying, experimenting, visioning and exploring*, setembro de 2007. Disponível em www.innovationstyles.com, acesso em 15/set/2019.

JACQUES, Francois & SCHEID John. *Roma e il suo impero. Istituzioni, economia, religione*. Italia: Editora Laterza, 2008.

JERPHAGNON, Lucien. *Histoire de la Rome antique*. França: Editora France Loisirs, 1996.

KULIKOWSKI, Michael. *L'età dell'oro dell'Impero romano*. Italia: Editora Newton Compto, 2017.

JOHNSON, Boris. *Il sogno di Roma*. Italia: Editora Garzanti, 2010.

LANZA, Michele. *Roma e l'eredità di Alessandro*. Italia: Editora Res Gestae, 2012.

LEAVY, B. "A leader's Guide to creating an innovation culture". *Strategy & Leadership*, vol. 33, n. 4, 2005, pp. 38-45.

LIDDELL, Hart Basil. *Scipione Africano*. Italia: Editora Rizzoli, 2002.

LIANI, F. *Mecanismos de geração de ideias*. Claeq – Centro Latino Americano para Excelência de Qualidade, outubro, 2007.

BIBLIOGRAFIA

LOMAS, Kathyn. *L'ascesa e la gloria di Roma antica*. Italia: Editora Newton Compto, 2018.

LONGINOTTI-BUITONI, Gian Luigi. *Vendendo Sonhos: como tornar qualquer produto irresistível*. Rio de Janeiro: Editora Campus – Elsevier, 2000.

LUTTWAK, Edward N. *La grande strategia dell'impero romano*. Italia: Editora Rizzoli, 2013.

MAZZARINO, Santo. *La fine del mondo antico. Le cause della caduta dell'impero romano*. Italia: Editora Bollati Boringhieri, 2008.

MIRKSHAWKA, VICTOR JR. *Gestão Criativa: aprendendo com os mais bem-sucedidos empreendedores do mundo*. São Paulo: DVS Editora, 2003.

MOMMSEM, Theodor. *L'Impero di Roma*. Italia: Editora Il Saggiatore, 2016.

PIERACCIANI, VALTER. *Usina de inovações: guia prático para a transformação da sua Empresa*. São Paulo: Canal Certo, 2008.

PLUTARCO, di. *Vite parallele Alessandro e Cesare*. Italia: Editora Newton Compton, 2015.

_____. *Vite parallele*. Pirro e Mario. Italia: Editora Rizzoli, 2017.

POLIBIO, di. *Storie*. Italia: Editora Rizzoli, 2002.

PRICE, P. & RON P. *Nunca – Sempre fizemos assim: o livro de cabeceira do gerente e do supervisor para mudanças organizacionais*. Pritchett Rummler-Brache – Pieracciani, 2004.

ROSS, J. "Creative leadership: be your team's chief innovation officer". *Harvard Bussiness Review*, Março, 2007, pp. 1-6.

SHELDON, Rose Mary. *Le guerre di Roma contro i Parti*. Italia: Editora LEG, 2018.

SPINOSA, Antonio. *La grande Storia di Roma*. Italia: Editora Arnoldo Mondadori, 2000.

STAL, E., CAMPANÁRIO, M.A. & ANDREASSI, T. *Inovação: como vencer este desafio empresarial*. São Paulo: Editora Clio, 2006.

STRAUSS, Barry. *L'arte del comando*. Italia: Editora Laterza, 2015.

TACITI, Cornelio P. *Annales*. Italia: Editora Mondadori, 2007.

TIDD, J; BESSANT, J; PAVITT, K. *Gestão da Inovação*: Editora Bookman, 2015.

TIGRE, P. B. *Gestão da Inovação: a economia da tecnologia do Brasil*. Rio de Janeiro: Editora Campus – Elsevier, 2006.

TITO, Livio. *Ab Urbe condita*. Italia: Editora Rizzoli, 2003.

TRANQUILLO, Gaio Svetonio. *Vite dei Cesari*. Italia: Editora Rizzoli, 1982.

VEGEZIO, Flavio Renato. *L'arte della guerra romana*. Italia: Editora Rizzoli, 2003.

WINTERLING, Aloys. *Caligola. Dietro la follia*. Italia: Ed. Laterza, 2005.

WISSENS MANAGEMENT FORUM, *An illustrated guide to knowledge management*. Disponível em http://www.wm-forum.org, acesso em 15/set/2019.

YASUDA, Yuzo. *40 Years, 20 Million Ideas: The Toyota Suggestion System*. Cambridge, Productivity Press Inc, 1990.

Índice Onomástico e Remissivo

ÍNDICE ONOMÁSTICO E REEMISSIVO

2bCapital, 72
3M, 13, 25, 62, 167-68, 186
3M way to innovation: Balancing People and Profit, The (O Jeito 3M de Inovar: Equilibrando pessoas e lucros), de Ernest Gundling, 168
5w2H, 101

A

A3, 101
Abajur Metamorfosi, 107
Abrahamson, Alan, 108
Abrami, Alfonso, 6
Academia de Belas Artes de Roma, 8-9
Adriano, Públio Élio (76-138), 45, 68, 97, 148
África, 20, 28, 31-32, 166, 174
Águias Imperiais, 83
Aily, Gabriela Rubini, 7
Alarico I, rei dos godos (370-410), 29
Albânia, 27-28, 149
Albano, Thiago, 7
Alemanha, 15, 23, 83, 146, 148
Alésia, 148, 153
Alfa Romeo 4C, 126
Ali Baba, 147
Alta Alemanha, 148
Amazon, 73, 147, 152
Ambiente de P&D, 38
Anderson, Chris (1961-), 169
Andrade Gutierrez, 141
Andrade, Renato P. de, 7, 181-82
Aníbal Barca, general cartaginês (247-183 a.C.), 27, 43, 106, 165, 189
Antônio, Marco (83-30 a.C.), 28, 83, 154, 189
Apolodoro de Damasco (50-130), 33
Apple, 20, 25, 54, 126, 170, 185-86
Application Service Provider (ASP), 70
Aramis, 72
Araujo, Lídia, 7

Architectura, De, de Marco Vitrúvio Polião, 62
Aristóteles (384-322 a.C.), 129
Arles, 63
Arqueiros de Creta, 32
Arrym Filho, José Hernani, 6
Arte da guerra, A, de Sun Tzu, 24
Arte da guerra romana, A, de Flávio Vegécio, 153
Arte da guerra romana, II, A, de Flávio Vegécio, 96
Artemide, 107
Asea Brown Boveri (ABB), 98
Ásia, 20, 198
Associação Brasileira de Desenvolvimento Industrial (ABDI), 41
Augusto, Caio Júlio César Otaviano, primeiro imperador de Roma (63 a.C.-17), 20-22, 28, 45, 56, 83, 189-90
Augusto (como título honorífico) do Oeste, 29
Augusto (como título honorífico) do Oriente, 29
Augusto Germânico, Caio Júlio César, conhecido como Calígula, imperador de Roma (12-41), 190
Aureliano, Lúcio Domício, imperador de Roma (214-275), 198-99, 201
Austin, Texas, 40
Avarico, na Gália, 54-55

B

Barbero, Alessandro (1959-), 205
Barbosa de Medeiros, José Abelardo, o Chacrinha (1917-1988), 104, 170
Baryshnikov, Mikhail Nikolaévich (1948-), 117
Batalhas:
Áccio, 28, 154
Adrianópolis, 29
Alia, 27, 172
Canne, 27, 43, 165
Ticino, 27, 106, 165
Trebbia, 27, 165

Zama, 27, 43, 166
Batalhão de Operações Policiais Especiais (BOPE), 77
Bélgica, 40
Benchimol, Guilherme, 7, 89-90, 92-93
Blockbuster, 206
Bohec, Yann Le (1943-), 153
Boiorix, rei dos cimbros (século II a.C.), 175
Bolsa de Nova York, 194
Bono, Edward de (1933-), 98
Boston, 113
Bradesco, 9, 13, 16, 47-49, 51
Brasil, 15-16, 54, 58, 66, 72-73, 113, 120, 122, 156, 170, 180-81, 197, 201
Brennand Maia, Carolina, 7
Brennand Oliveira, Tereza Maria, 7
Brennand, Ricardo Lacerda, 131
Breno, rei dos gauleses (século IV a.C.), 172-73
Britânia (Inglaterra), 146, 148, 198
Brown, Juanita, 101
Burger King, 72
Buzan, Anthony Peter (1942-2019), 98

C

Caledônia, 148
Califórnia, 101
Campos Ausini, 149
Capital, O, de Karl Marx, 129
Caput mundi, 20, 171, 188
Capitólio, 127
Carre, na Turquia moderna, 83
Cartago, 27
Centro de Estudos e Sistemas Avançados do Recife (CESAR), 196
César (como título honorífico), 21, 29
César Augusto (como título honorífico), 28
China, 20, 200, 206

Cimbros, 164, 174-75
Cimento Portland, 124
Cipião, Quinto Servílio, cônsul romano (s/d), 164-65, 174
Cipião, Públio Cornélio, conhecido como Cipião, *o Africano*, cônsul romano (236-183 a.C.), 40, 43, 106
Cleópatra VII Filopátor (69-30 a.C.), 28, 154
Cloro, imperador do Ocidente (250-306), 29
Coliseu, 28
Colosso, 127
Coluna de Trajano, 33
Comodo, imperador de Roma (161-192), 28, 191
"Complexo de Ália", 173
Constâncio I, nascido Caio Flávio Valério Constâncio, conhecido como Constâncio, 29
Constantino, conhecido como Constantino *Magno* ou *o Grande*, imperador de Roma (272-337), 199
Corolla, 120
CorpFlex, 7, 16, 69-73
Crasso, Marco Licínio, cônsul romano (114-53 a.C.), 27, 80, 83
Crefisa, 72
CSE, sigla para *Corporate Startups Engagement*, 123
Ctesifonte, capital persa, 28
Cubo, espaço criado pelo Itaú, 13, 48
Cunha, André, 128
Cunha, Marcelo, 7
Cursus honorum (plano de carreira), 81

D

Darwin, Charles Robert (1809-1882), 120
Della Via Pneus, 72
Departamento de Inovação da Embraer, 110
Desafio Innova, 112

Design-Driven Innovation, de Roberto Verganti, 107
Design Thinking, 101, 103
Diocleciano, imperador de Roma (c. 243-311), 29, 195, 199
Douglas, Michael Kirk (1944-), 24
DuPont, 62

E

Ebitda, 72
Economática, 58
Edison, Thomas A. (1847-1931), 167
Egito, 28, 126, 198
Eisenhower, Dwight D., 34º presidente dos Estados Unidos da América (1890-1969), 170
Einstein, Albert (1879-1955), 167, 171
Embraer, 7, 13, 16, 25, 44, 58, 62, 110-14, 120, 170
Embraer Sistemas, 44
Embraer X, 113
Engesa, 206
Empresa Alfa, 24
Empresa na Velocidade do Pensamento, A, de Bill Gates, 47
Epitoma rei militaris, de Públio Flávio Vegécio Renato, 45
Equador, 47
Escócia, 146, 148
Escola de Negócios do Politecnico de Milano, 125
Esmirna, 165
Espaço Innova, 111, 113
Estados Unidos, 92, 113, 124, 170, 193
Etruscos, 21, 33, 146, 172
Europa, 20, 126, 164, 174, 189
eVTOL, 113
Ewally, 126, 128
Exercitatio, 96

F

Febreze, 44
Femsa Logística, 72
Fim da República e início do Principado, 28
Flávio Josefo (37-100), 138
Folha de S. Paulo, 57-58
Fórum de Trajano, 33
Four Seasons em São Paulo, 133
França, 28, 63, 131, 146
Frediani, Andrea (1963-), 172
Frias, Luís (1964-), 58
Frontino, Sexto Júlio, cônsul romano (40-103), 149
Fry, Art (1931-), 167-68
Fuentes, Juan, 193
Fundação Dom Cabral, 72

G

Gafor, 72
Galeno Claudio, ou Galeno de Pergamo (130-210), 33
Galério Maximiano, Caio Valério, imperador do Ocidente (260-311), 29
Gates III, William Henry (1955-), 47
Gauleses, 27, 54-55, 96, 172
Gênio romano, 146-48
Geração Z, 203
Giroflex, 200
Gládio, 33, 118
Goiana, Pernambuco, 132
Golfo Pérsico, 28
Gomes da Costa, Rubem, 156
Gomes da Costa, 7, 16, 156-60
Google, 20, 25, 73, 147
Gordon Gekko, personagem de *Wall Street*, 24
Gorduras Ômega 3, 157, 160
Grã-Bretanha, 63, 190, 198
Grande incêndio de Roma, 28

Grécia, 27-28, 126
Green Light, 112-14
Grupo Calvo, 156
Grupo Cornélio Brennand, 7, 16, 131-33, 142
Grupo EBX, 181
Grupo JSL, 66
Guerras civis romanas do século I a.C., 29, 189
Guerras da Gália, 32
Guerras Pírricas, 27
Guerreiros sanitas, 33
Guimarães, Ulysses Silveira (1916-1992), 46
Gundling, Ernest, 186

H

Hanna Barbera, 165
Hispânia (Espanha), 146

I

IDEO, escritório de *design*, 101
Ilipa, Espanha, 166
Império Parta, 28, 83
Império Romano, 11, 20, 22, 24, 28-29, 32-33, 36, 50, 53, 56, 63, 126, 145, 147, 153-43, 187-90, 192, 194, 198-99, 204-05
Império Romano do Ocidente, 29, 189
Império Romano do Oriente, 29
Índia, 59
Innova, programa Embraer de Inovação, 44, 110-12
Innovation Belt Experience, 157
inovabra habitat, 49
inovabra *hub*, 49
inovabra IA (inteligência artificial), 49
inovabra internacional, 49
inovabra *lab*, 49
inovabra *startups*, 48-49, 51
inovabra *ventures*, 49
Inovação e Mudança: autores e conceitos imprescin-

díveis, de Edward de Bono, 98
Instituto Tecnológico da Aeronáutica (ITA), 128
International Business Machines Corp. (IBM), 170
Irã, 28
Isaacs, David (1949-), 101
Israel, 138, 178, 206
Itajaí, 156
Itália, 15, 22-23, 28, 106, 146, 166, 172, 174, 179
Itaú, 13, 48, 88, 91-92

J

Japão, 23, 117
Jerusalém, 36
Jobs, Steven Paul (1955-2011), 11, 86, 95, 126, 170, 185
Judeia, 148
Jugaad, 59
Júlio César, Caio (100-44 a.C.), 12, 21-22, 27, 32, 40, 54, 80-81, 83, 121, 148, 153, 207
Jutlândia, hoje Dinamarca, 164

K

Kennedy, John F., 35° presidente dos Estados Unidos da América (1917-1963), 13, 169-70
Kodak, 206
Krigsner, Miguel Gellert (1950-), 108

L

Laboratório Brasileiro de Inovação do Varejo, 41
Lácio, 146
Lago Trasimeno, 27, 165
Lançadores das ilhas Baleares, 32
Legiões romanas:
I Augusta, 82

ÍNDICE ONOMÁSTICO E REEMISSIVO

I Germânica, 82
III Gálica, 82
V Macedônica, 82
VI Victrix, 82
Lépido, Marco Emilio (86-13 a.C.), 28
Limes Germânico-Rético, 148
Lippy e Hardy, 165
Locadora Enterprise, 66
Londres, 20
Lorica segmentata, 33, 118
Los Angeles, 169
Loureiro, Carlos, 7
Lúcio Vero, co-imperador com Marco Aurélio (130-169), 28
Luxemburgo, 146

M
Madre Teresa de Calcutá, nascida Anjezë Gonxhe Bojaxhiu M. C. (1910-1997), 104
Magna Grécia, 27,54
Malbec, de O Boticário, 107
Malevento (mais tarde renomeada Benevento), 149
Málio Máximo, Cneu, cônsul romano (s/d), 27, 174
Mandela, Nelson Rolihlahla (1918-2013), 165
Manhattan, 150
Maquiavel, Nicolau, nascido Niccolò di Bernardo dei Macchiavelli (1469-1527), 24
Máquina Moderninha, 57-58
Mar Cáspio, 190
Marco Aurélio, imperador de Roma (121-180), 28, 33, 189-91
Marília, São Paulo, 47
Mário, Caio, cônsul romano (157-86 a.C.), 27, 40, 82, 121, 174-75
Marques, Ricardo Ourique, 7
Marte (*Mars*), deus da guerra, 146, 173

Marx, Karl (1818-1883), 129
Massachusetts Institute of Technology (MIT), 113
Massada, 148
Maximiano, Marco Aurélio Valério Hercúleo, Augusto do Ocidente (250-310), 29
McNerney Jr., W. James (1949-), 186
Mediterrâneo, 126, 154, 166, 190
Melbourne, Flórida, 113
Mesopotâmia, 190
Método Engenharia, 72
Microsoft, 25, 73, 207
Millennials, 41, 203
Movida, 66
Muralha de Adriano na Britânia, 148
Muralhas Aurelianas, 29, 199
Museu Arqueológico Nacional de Nápoles, 151
Musk, Elon Reeve (1971-), 13, 169

N
Nadella, Satya (1967-), 207
Nascimento, Edson Arantes, o Pelé (1940-), 104, 170
National Aeronautics and Space Administration (NASA), 170
Naturalis historia, de Plínio, *o Velho*, 45, 124
Navteq, 163
Nero, nascido Cláudio César Augusto Germânico, imperador de Roma (37-68), 28, 190
Nerva, Marco Coceio, imperador de Roma (30-98), 190
Nestlé, 41, 45
NetMicro, 70-71, 73
Newton, *sir* Isaac (1643-1727), 69
Nielsen, Jakob (1957-), 103
Niemeyer Soares Filho, Oscar Ribeiro de Almeida (1907-2012), 104

Nokia, 72, 126, 163
Nova York, 150
Nubank, 58
Númidas, 32

O

Oceano Atlântico, 190
Odoacre, Flávio, conhecido como o primeiro rei da Itália (435-493), 29, 88
Olimpíada de Pequim, 108
Orge, Enrique, 7, 157-58, 160
Osborn, Alex F. (1888-1966), 99

P

PagSeguro, 13, 57-58, 193-94
Papa, Luigi, 9
Papaiz, 45
Patrimônio Mundial da UNESCO, 148
P&D, 38, 110, 123
Pedral, Sibelle, 7, 9
Pedroso, Luiz Fernando Lobo, 7
Pérgamo, Turquia, 33
Pernambuco, 131-32
Pérsia, hoje Irã, 28, 189
Pertinace (ou Pertinax), Públio Hélvio, imperador de Roma (126-193), 191
Peters, Thomas J (1942-), 46
Petrobras, 197
Pfizer, 13, 38
Phelps, Michael (1985-), 108
Piccaro, Julio Cezar, 7
Pieracciani, Adriana, 6
Pieracciani, Fernanda, 6
Pieracciani, Fernando, 6
Pieracciani, Giorgio, 6
Pieracciani, Giuliana, 6
Pieracciani, Rosa Irene, 6
Pilo, 118, 121

Pimentel, João Alfredo Andrade, 7, 69-70
Pirelli, 14
Pirro, rei de Épiro (318-272 a.C.), 27, 149
Platão (427-347 a.C.), 177
Plínio, Caio Segundo, conhecido como Plínio, *o Velho* (23-79), 45, 124
Políbio (203-120 a.C.), 149-50
Pompéia, 33
Pompeu Magno, Cneu, cônsul romano (106-48 a.C.), 27, 83, 189
Pontifex Maximus, ou Pontífice Máximo, 82
Porcelana São João/ Porcelana Brennand, 131
Primeira Guerra Púnica (264-241 a.C.), 27, 166
Primeiro Triunvirato, 27, 83
Primus pilus de legião, 81
Príncipe, O, de Nicolau Maquiavel, 24
Procter & Gamble (P&G), 13, 44
Programa Andrade Gutierrez de Inovação Tecnológica (PAGIT), 141
Programa Boa Ideia, 114
Programa de Inovação Aberta da Andrade Gutierrez, 141
Públio Flávio Vegécio Renato, escritor romano (séc. IV-V d.C.), 45, 96, 147, 153
Puglia, 43
Purple, *startup* no ramo do comércio de vinhos para *millennials*, 41
PwC, 110

R

R. L. de Almeida Brennand & Irmão – Cerâmica São João, 131
Récia, 148
República Romana, 22, 27
Rios:
Casca, 180
Danúbio, 97, 198
Elba, 145
Metauro, 166

ÍNDICE ONOMÁSTICO E REEMISSIVO

Reno, 145, 198
Santo Antonio, 180,
Tibre, 172
Roda Viva, 200
Rodrigues, Daniel, 7
Roma, 7-9, 11-13, 15-17, 20-23, 25, 27-29, 31-34, 36-37, 41-44, 49-51, 54-56, 62, 77, 80, 82-83, 85, 89-91, 96, 106, 109, 126-28, 138, 146-47, 149, 152-53, 165-66, 168, 172, 174, 186, 188-92, 194-96, 198-99, 201, 204-08
Rômulo (trad. 771-717 a.C.), 20, 29
Rômulo Augusto, Flávio, último imperador do Ocidente (c. 460-c. 512), 29, 188
Rússia, 21

S

SaaS (*software* como serviço), 72-73
Sabino, Caio Ópio (?-85), 40
Sakurai, Fernanda, 6
Salii, sacerdotes de Marte, 173
Samsung, 54
Samurais, 117
Santos Dumont, Alberto (1873-1932), 170
Santos, Ricardo D., 7
São José dos Campos (SP), 111
São Paulo, a cidade, 41, 47, 65, 89, 127, 133, 180
São Paulo, nascido Saulo de Tarso, apóstolo e mártir cristão (c.5-67), 36
Schaeffer, Eduardo Gama, 127
Segunda Guerra Mundial, 153
Segunda Guerra Púnica (219-202 a.C.), 27, 106, 165, 189
Segundo Triunvirato, 28
Seixas, Raul Santos (1945-1989), 105
Sem Limites, de Michael Phelps e Alan Abrahamson, 108
Senado romano, 175, 191, 195, 204
Senna da Silva, Ayrton (1960-1994), 104
Septímio Severo, Lúcio (145-211), 199

Sicília, 43
Insígnias de combate:
"*Signa infere*" conclamava ao ataque, 82
"*Signa profere*" significava "Avançar o exército", 82
"*Signa vellere*" indicava o momento de remover as insígnias para marchar, 82
Silva, André Luiz da, 120-21
Silva, Ozires (1931-), 110, 170
Simbolismo da Águia, 13, 81, 83-84
Singularity University, 63
Spuri, Francesca Romana, 8-9
Stratagemata, de Sexto Júlio Frontino, 149
Strategy&, 110
Strauss, Barry S. (1953-), 79
Suetônio Tranquilo, Caio (69-141), 127
Suíça, 146, 200
SulAmérica Trânsito, 163
Sun Tzu (544-496 a.C.), 24
Suzuki, Paulo Roberto, 99

T

Tácito, Públio Cornélio (56-c. 120), 164, 190
Tarquínio, *o Soberbo*, sétimo rei de Roma (c. 535-496 a.C.), 27
Tarso, Turquia, 36
Techdays, 41
Techint, 7, 16, 179-83
Tecnologia da Informação (TI), 139
TED Talks 2017, 169
Termas de Trajano, 33
Tesla Motors, 169
Teodósio, Flávio I, *o Grande*, Augusto do Oriente (347-395), 29
Terceira Guerra Púnica (149-146 a.C.), 27
Tetrarquia: dois Augustos e dois Césares, 29
Teutoburgo, 28, 83
Ticino, 27, 106, 165

Tito Lívio (59 a.C.-17), 165, 172
TomTom, 164
Toulouse, 164, 174
Toyota, 25, 120
Trajano, Marco Úlpio Nerva, imperador de Roma (53-117), 28, 33, 45, 204
Trasimeno, 27, 165
Trebbia, 27, 165
Tribunum militum, 12, 81
Tripodi, Francisco, 7
Tunísia, 43
Turquia, 15, 33, 83, 165
TV Cultura, 200

U
Uber, 113, 147
UltraCloud, 73
Universal (fiação do interior de São Paulo), 65
Universidade de Roma "La Sapienza", 9
Universidade de Utah, 124

V
Vale do Silício, 17, 20, 113, 138, 206
Valente, Flávio Júlio, imperador do Oriente (328-378), 29
Valeri, Sandro, 7, 110, 112
Valor Econômico, 16, 110
Valor Inovação Brasil, 16, 110
Vasconcelos, Fernando, 7
Veio, cidade etrusca, 172
Velasco, Júlio (1952-), 177
Vélez, David, 58
Vênus de Coo, 127
Vercingetorix, chefe gaulês (80-46 a.C.), 55
Verganti, Roberto (1964-), 66, 107, 125
Verticais de Inovação, 112
Vespasiano, Tito Flávio (9-79), 127

Vetor, 141
Viagra, 38
Vitrúvio Polião, Marco (80-15 a.C.), 62
VivaReal, 127-28
Vivix, 132

W
Wall Street — Poder e cobiça (1987), de Oliver Stone, 24
Waze, 163
Whole Foods, 40
"World Café: Despertando a inteligência coletiva e ações com envolvimento e empenho coletivo", de Juanita Brown e David Isaacs, 100-01

X
XP Investimentos, 16, 88

Z
Zama, África, 27, 43, 166
Zanuto, Fellipe, 6
Zap Imóveis, 127
Zap VivaReal, 128